Band 20 · Oktober 1984 **10**

isotopenpraxis

AKADEMIE-VERLAG

ISSN 0021—1915 Isotopenpraxis, Berlin 20 (1984) 10, 365—400

EVP 9,— M

An unsere Autoren

Die Zeitschrift veröffentlicht Beiträge zu folgenden Themen: Kontrolle und Analyse radioaktiver und stabiler Isotope, Anwendung radioaktiver und stabiler Isotope in allen Gebieten der Forschung und Technik, der Industrie, Landwirtschaft und Medizin, Herstellung radioaktiver und stabiler Isotope sowie von markierten Verbindungen, kernelektronische Geräte für die Isotopenanwendung (Dickenmesser, Dichtemesser u. ä.) Detektoren für isotopentechnische Arbeiten und den Strahlenschutz in Isotopenlaboratorien, Meßtechnik und Strahlenschutz, Dosimetrie in Isotopenlaboratorien, kerntechnische Geräte für die Isotopenanwendung (Beton, Bestrahlungsanlagen u. ä.), Strahlenchemie, Radiochemie, ökonomische und perspektivische Fragen, Fragen der Weiterbildung.

1. Aufnahme von Manuskripten

Zur Veröffentlichung angenommen werden nur druckreife, noch nicht anderweitig publizierte Beiträge in deutscher, englischer oder russischer Sprache zum Themenbereich der Zeitschrift und zwar

Originalarbeiten
Kurze Mitteilungen
Aus der Praxis
Zusammenfassende Berichte
Tagungsberichte
Informationen.

Sind der Beitrag oder Teile daraus bereits veröffentlicht oder ist eine anderweitige Veröffentlichung vorgesehen, so muß dies der Redaktion mit genauer Angabe der Zweitveröffentlichung mitgeteilt werden. Mit der Annahme des Manuskriptes behält sich der Verlag das Recht der Vervielfältigung, Verbreitung und Übersetzung innerhalb der gesetzlichen Schutzfrist vor. Auszugsweiser Nachdruck oder photomechanische u. a. Wiedergabe sind an eine schriftliche Genehmigung des Verlages gebunden. Manuskripte, Zeichnungen und Photos von veröffentlichten Arbeiten werden nur auf den besonderen und bis zum Zeitpunkt der Veröffentlichung mitgeteilten Wunsch des Autors zurückgesandt.
Bei der unverlangten Einreichung von Manuskripten wird empfohlen, eine Befürwortung eines der Herausgeber oder Redaktionsausschußmitglieder beizufügen.
Manuskripte sind einzureichen bei der Redaktion, 1086 Berlin, Leipziger Str. 3–4.

2. Form der Manuskripte

Die Autoren werden gebeten:
2 Manuskripte, eines davon in Original-Maschinenschrift, einseitig und mit 2zeiligem Abstand einzureichen; gut leserliche Photokopien sind zulässig; auf dem 1. Blatt (unter Weglassung der Bezeichnung)

den Titel der Arbeit
Vorname-Initialen und Namen sämtlicher Autoren
gegebenenfalls die Institution, in der sie tätig sind
eine kurze Zusammenfassung der Arbeit von höchstens 15 Zeilen
Keywords in alphabetischer Reihenfolge und
als Fußnote die Anschrift der Institution anzugeben;

wenn möglich, auf gesonderten Blättern Namen, Titel der Arbeit und Zusammenfassung in den beiden anderen obengenannten Sprachen 2fach beizufügen;
Literaturhinweise (fortlaufend numeriert), Fußnoten, Tabellen, Abbildungen (in 2–3facher Veröffentlichungsgröße), Abbildungsunterschriften (getrennt von den Abbildungen mit Zeichenerklärungen, Quellenangaben, falls erforderlich, und gegebenenfalls mit einem Vermerk für besondere Wünsche bezüglich der Abbildungsgröße), private und Dienstanschrift der Verfasser mit akademischen Titeln und ausgeschriebenen Vornamen auf besonderen Blättern ans Ende des Manuskriptes zu stellen;
Wünsche für den Kolumnentitel (Seitenüberschrift) bekanntzugeben;
Absätze durch Einzüge von mindestens 3 Anschlägen kenntlich zu machen;
die Maßeinheiten des SI-Systems („Système International") zu verwenden;
Korrekturen im Manuskript unmittelbar an der zu korrigierenden Stelle anzubringen;
Formeln deutlich lesbar und möglichst groß einzutragen;
Farbabbildungen und nachträgliche Änderungen oder Ergänzungen in Abbildungen zu vermeiden;
hervorzuhebende Textstellen zu unterstreichen, und zwar halbfetten Satz mit einer geraden schwarzen Linie, kursiven Satz (Schrägschrift) mit einer blauen Wellenlinie (alle Eigennamen). Sperrungen gestrichelt;
besondere Buchstaben durch farbige Unterstreichung zu kennzeichnen, und zwar Formelzeichen in

Griechisch-Kursiv (α, β, ...) rot,
Kursiv (A, B, ...) blau
halbfetter Kursiv ($\boldsymbol{A}$, $\boldsymbol{B}$, ...) 2 Linien blau (Vektoren),
halbfetter Grotesk (**A**, **B**, ...) 2 Linien violett (Tensoren);

bei Literaturangaben auf Vollständigkeit zu achten. In nachstehender Reihenfolge müssen angegeben sein:

a) bei *Zeitschriften*: Vorname-Initialen und Namen sämtlicher Autoren, Titel der Zeitschrift (nach „Periodica Chimica" oder möglichst wenig gekürzt), Bandnummer (unterstrichen), Jahreszahl (in Klammern), Heftnummer (nur bei Zeitschriften, die jedes Heft mit S. 1 beginnen) sowie die Seitenzahl, auf der die zitierte Arbeit beginnt.

b) bei *Büchern*: Initialen der Vornamen und Name des Autors (Herausgeber werden durch den Zusatz „ed." gekennzeichnet), voll ausgeschriebener Titel des Buches in der Originalsprache, evtl. Bandnummer, voll ausgeschriebener Name des Verlages, Nummer der Auflage (außer der ersten), Erscheinungsort(e), Erscheinungsjahr (hier nicht in Klammern setzen!) und evtl. Kapitelnummer, Seitenzahl u. ä.

c) bei *Sammelbänden*, *Tagungsberichten*: Es soll zusätzlich der Titel des zitierten Beitrags angegeben werden. Die Seitenzahl muß unbedingt angegeben werden. Aus dem Zitat muß hervorgehen, ob es sich um einen Tagungssammelband oder um einen noch nicht veröffentlichten Vortrag handelt. Zwischen Tagungsort und Erscheinungsort des entsprechenden Tagungsberichts ist zu unterscheiden.

3. Korrekturen

Der Autor erhält zwei Umbruchabzüge, von denen einer möglichst schnell korrigiert an die Redaktion zurückgereicht werden soll. Auf Wunsch des Autors kann die Korrektur auch von der Redaktion gelesen werden.

Durch nachträgliche Manuskriptänderungen verursachte Korrekturkosten gehen, sofern sie 10% der Satzkosten übersteigen, zu Lasten des Autors.

Der Autor erhält 50 Sonderdrucke kostenlos. Weitere Sonderdrucke können bis zur Rückgabe der Korrekturabzüge auf Kosten des Autors bei der Redaktion bestellt werden

Bezugsmöglichkeiten

Bestellungen sind zu richten

- **in der DDR** an den Postzeitungsvertrieb unter Angabe der Kundennummer des Bestellenden oder an den AKADEMIE-VERLAG, DDR-1086 Berlin, Leipziger Straße 3–4, PF-Nr. 1233;
- **im sozialistischen Ausland** an eine Buchhandlung für fremdsprachige Literatur oder an den zuständigen Postzeitungsvertrieb;
- **in der BRD und Berlin(West)** an eine Buchhandlung oder an die Auslieferungsstelle KUNST UND WISSEN, Erich Bieber OHG, Wilhelmstraße 4–6, D-7000 Stuttgart 1;
- **in den übrigen westeuropäischen Ländern** an eine Buchhandlung oder an die Auslieferungsstelle KUNST UND WISSEN, Erich Bieber GmbH, Dufourstraße 51, CH-8008 Zürich;
- **im übrigen Ausland** an den Internationalen Buch- und Zeitschriftenhandel; den Buchexport, Volkseigener Außenhandelsbetrieb der Deutschen Demokratischen Republik, DDR-7010 Leipzig, Postfach 160; oder an den AKADEMIE-VERLAG, DDR-1086 Berlin, Leipziger Straße 3–4.

Zeitschrift „Isotopenpraxis"

Herausgeber: Im Auftrag des Akademie-Verlages herausgegeben von Prof. Dr. Justus Mühlenpfordt.
Verlag: Akademie-Verlag, DDR-1086 Berlin, Leipziger Straße 3–4, PF-Nr. 1233; Fernruf: 2236229; Telex-Nr.. 114420;
Bank: Staatsbank der DDR, Berlin, Kto.-Nr.: 6836-26-20712.
Verantwortlich für den Inhalt des Heftes: Prof. Dr. H. Hübner, Leipzig.
Anschrift der Redaktion (Fernruf Frau H. Schier: 6351177) der Zeitschrift Isotopenpraxis: Akademie-Verlag, DDR-1086 Berlin, Leipziger Str. 3–4, PF-Nr. 1233
Veröffentlicht unter der Lizenznummer 1527 des Presseamtes beim Vorsitzenden des Ministerrates der Deutschen Demokratischen Republik.
Gesamtherstellung: VEB Druckerei „Thomas Müntzer", DDR-5820 Bad Langensalza.
Erscheinungsweise: Die Zeitschrift „Isotopenpraxis" erscheint monatlich. Die 12 Hefte eines Jahrganges bilden einen Band. Bezugspreis je Band 216,— M zuzüglich Versandspesen Preis je Heft 18,— M.
Bestellnummer dieses Heftes: 1079/20/10.

AN (EDV) 12831

Isotopenpraxis 20 (1984) 10, S. 365 bis 372

15 Jahre Zentralinstitut für Isotopen- und Strahlenforschung der AdW der DDR

Ein Überblick

K. Wetzel

(Zentralinstitut für Isotopen- und Strahlenforschung der AdW der DDR)[1])

Die wichtigsten Ergebnisse der Arbeit des Zentralinstituts für Isotopen- und Strahlenforschung in den 15 Jahren seit seiner Bildung durch Zusammenschluß mehrerer, vorher selbständiger Einrichtungen der Akademie der Wissenschaften der DDR sind

- *der Aufbau eines leistungsfähigen Potentials zur Entwicklung der Prozeßanalyse und der technischen Diagnostik mit Radionukliden an Anlagen der energetischen Industrie, der Halbleiterindustrie, der chemischen Industrie und und anderer Industriezweige;*
- *der Ausbau der Radiometrie;*
- *der Aufbau eines leistungsfähigen Potentials zur Erforschung der Wechselwirkung zwischen ionisierender Strahlung und Materie und zur Erschließung der vielfältigen Möglichkeiten der Anwendung ionisierender Strahlung in der chemischen Industrie, der Land-, Forst- und Nahrungsgüterwirtschaft, der Elektronik und anderer Industriezweige;*
- *die Konzentrierung der Arbeiten auf dem Gebiete der Trennung, Anwendung und Analyse stabiler Isotope auf die Erschließung einheimischer Rohstoffvorkommen mit den Mitteln der Isotopengeochemie und der Radiogeochronologie unter Einbeziehung der Aktivierungsanalyse und der massenspektrometrischen Spurenanalyse;*
- *der Ausbau der Theorie der Isotopieeffekte in Richtung auf die Theorie thermodynamischer Isotopieeffekte in natürlichen Systemen und deren Anwendung auf die Erforschung der kontinentalen Kruste;*
- *der Ausbau der ^{15}N-Technik mit teilautomatisierten emissionsspektrometrischen ^{15}N-Analysatoren und ihre Anwendung auf die Erforschung des Stickstoff-Kreislaufs im System Boden—Pflanze—Tier—Mensch und auf die Erforschung des menschlichen Stickstoff-Stoffwechsels.*

The most important results of the work of the Central Institute of Isotope and Radiation Research during 15 years since its foundation by the fusion of several independent institutions of the Academy of Sciences of GDR are the following:

- *the establishment of an efficient research capacity for the development of process analysis and technical diagnostics using radioactive isotopes at plants of energetic industry, semiconductor industry, chemical industry and other branches of industry;*
- *the extension of radiometric analysis;*
- *the establishment of an efficient research capacity for investigating the interactions between ionizing radiation and matter and for making accessible the various possibilities of the application of ionizing radiation in chemical industry, in agriculture, forestry and food industry, in electrochemical industry and other branches of industry;*
- *the concentration of the efforts in the field of separation, application and analysis of stable isotopes on the exploration of native ressources by isotope geochemical and radiogeochronological means including activation analysis and mass spectrography of trace elements;*
- *the extension of the theory of isotope effects towards the theory of thermodynamic isotope effects in natural systems and its application on the exploration of the continental crust;*
- *the extension of ^{15}N-techniques including partially automated emission spectrometric ^{15}N-analyzers and its application on the investigation of the nitrogen cycle in the soil—plant—animal—human system and on the exploration of the human nitrogen metabolism.*

Keywords

autoradiography; German Democratic Republic; isotope production; labelled compounds; radiation chemistry; radioisotopes; radiopharmaceuticals; research programs; reviews; stable isotopes; tracer techniques; uses

Das Zentralinstitut für Isotopen- und Strahlenforschung (ZfI) wurde am 1. 10. 1969 gebildet. Durch Zusammenschluß des Instituts für angewandte Radioaktivität, des Instituts für stabile Isotope, des Instituts für angewandte Isotopenforschung und einer Reihe weiterer Einrichtungen der Akademie der Wissenschaften der DDR entstand eine Forschungsstätte, die — auf den von diesen Instituten geschaffenen Traditionen aufbauend — wissenschaftlichen und wissenschaftlich-technischen Vorlauf für die Entwicklung der Isotopen- und Strahlentechnik in der DDR zu schaffen hat.

Das 15jährige Bestehen des ZfI soll Anlaß sein, das Profil dieses Instituts zu kennzeichnen und darzustellen, welche Wandlungen sich seit 1969 vollzogen haben, welche wesentlichen wissenschaftlichen Erkenntnisse und Ergebnisse erarbeitet wurden, welche gesellschaftlichen Auswirkungen diese Ergebnisse gezeitigt haben und welche Ziele in den nächsten Jahren verfolgt werden.

[1]) Anschrift: DDR 7050 Leipzig, Permoserstr. 15

Ausgehend von den Erfordernissen der Industrie, der Landwirtschaft und des Gesundheitswesens der DDR ist die Grundlagenforschung des Instituts auf folgende Gegenstände der Isotopen- und Strahlenforschung konzentriert:

- Erforschung der Eigenschaften radioaktiver und stabiler Isotope,
- Erforschung der Wechselwirkung zwischen ionisierender Strahlung und Materie,
- Vervollkommnung und Ausbau der Analytik radioaktiver und stabiler Isotope,
- Entwicklung von Erzeugnissen mit radioaktiven und stabilen Isotopen.

Fußend auf den Ergebnissen dieser Untersuchungen werden Arbeiten auf dem Gebiete der Anwendung radioaktiver und stabiler Isotope und ionisierender Strahlung zur Lösung von Problemen außerhalb der Isotopen- und Strahlentechnik durchgeführt, die zum Teil wiederum den Charakter von Grundlagenforschung haben und zum Teil in die Kategorien der angewandten Forschung, der Konstruktion und der Verfahrensentwicklung gehören. Voraussetzung für die Anwendung von Isotopen und von ionisierender Strahlung ist die Bereitstellung radioaktiver und stabiler Isotope, markierter Verbindungen und umschlossener Strahlungsquellen, deren Entwicklung und Fertigung so eng mit der Isotopen- und Strahlenforschung verbunden ist, daß sie in fast allen Ländern in Forschungsstätten ausgeführt wird. Auch die DDR ist diesen Weg gegangen: Die Produktion des größten Teils offener und umschlossener radioaktiver Präparate und stabilisotop markierter Verbindungen obliegt dem Zentralinstitut für Kernforschung und dem Zentralinstitut für Isotopen- und Strahlenforschung. (Daneben produzieren der VEB Chemisches Kombinat Bitterfeld und der VEB Berlin-Chemie ^{15}N und ^{15}N-markierte Verbindungen und der VEB Feinchemie Sebnitz einen Teil der Radioimmunoassays.)

I. Erforschung der Eigenschaften radioaktiver und stabiler Isotope

Was die Erforschung der Eigenschaften radioaktiver Isotope betrifft, so konzentrieren wir uns auf die Ausarbeitung neuer Methoden zur Abtrennung von Tc, Rh und Pd aus der (salpetersauren) wäßrigen Phase des Purex-Prozesses zur Gewinnung von U, Pu und anderen Transuranen aus ausgebrannten Kernbrennstäben. Dabei steht die Gewinnung dieser kostbaren Elemente, die bei der Kernspaltung in Form langlebiger Radionuklide anfallen, durch Fällung, Flüssig-Flüssig-Extraktion bzw. Ionenaustausch im Vordergrund. Die Arbeiten zur Abtrennung von Cs und Sr aus der wäßrigen Phase des Purex-Prozesses dienen einerseits der Erschließung von ^{137}Cs als Quelle ionisierender Strahlung für die Strahlentechnik und auf der anderen Seite der Erleichterung der Enddeponie der Kernbrennstoffabfälle. (Die Spaltnuklide mit Halbwertszeiten von über 10^3 Jahren sind von geringer spezifischer Aktivität; diejenigen mit Halbwertszeiten von unter 10^0 Jahren klingen innerhalb einiger Jahre ab; die Schwierigkeiten der Enddeponie werden also in erster Linie von Nukliden wie ^{137}Cs und ^{90}Sr mit Halbwertszeiten mit 30,2 bzw. 28,5 Jahren heraufbeschworen[1]). Im Ergebnis dieser Arbeiten ist ein neues Verfahren zur Abtrennung von ^{137}Cs aus salpetersaurer Lösung durch Fällung von Ammoniummolybdatophosphat und Rückgewinnung in einer Ionenaustauschersäule entstanden, das noch in diesem Jahr im Radiuminstitut, Leningrad, unter „heißen" Bedingungen erprobt wird [2].

Für die Abtrennung der Spaltedelgase Kr und Xe aus der Abluft kerntechnischer Anlagen wurde ein permeatives Verfahren ausgearbeitet, im Labormaßstab erprobt und unter Einsatz eines EDV-Programmes eine kaskadierte Trennanlage im technischen Maßstab ausgelegt. Als Trennbarrieren dienen aus handelsüblichen Polysiloxanen hergestellte tubuläre und plane Membranen in Modulbauweise.

Während im Falle des Rh und des Pd die Bereitstellung durch das Berg- und Hüttenwesen schon jetzt mit dem steigenden Bedarf der Halbleiterindustrie und anderer Industriezweige kaum noch Schritt halten kann und überdies wegen der Erschöpfung der Vorräte rückläufig ist, haben wir in Tc ein chemisches Element vor uns, das allein durch die Kerntechnik bereitgestellt werden kann und beim Betrieb von Kernkraftwerken in Mengen von Hunderten von Kilogramm anfallen wird. Die Erschließung der technischen Nutzung dieses Elementes ist eine Aufgabe des ZfI.

Untersuchungen über die katalytischen Eigenschaften des Tc und seiner Komplexverbindungen haben erfolgversprechende Ergebnisse gezeigt. So hat sich Technetium auf Trägern wie Al_2O_3 oder Aktivkohle als hochaktiver Katalysator für die Synthese von NH_3 aus den Elementen erwiesen [3]. Außerdem wurden die ersten Beispiele für eine katalytische Aktivität von Tc-Komplexen in Lösung aufgefunden. Der Komplex $H_7Tc(PPhEt_2)_2$ katalysiert die Hydrierung von Alkenen, die Verbindung $TcCl(CO)_3(PPh_3)_2$ die Olefinmetathese [4, 5].

Im Rahmen dieser Untersuchungen sind 14 neue chemische Verbindungen des Tc synthetisiert und analytisch charakterisiert worden [4—7]. Die Struktur von 5 dieser Verbindungen, bei denen es sich jeweils um Vertreter neuer Verbindungsklassen handelte, wurde in Zusammenarbeit mit zwei Instituten der AdW der UdSSR durch Röntgenstrukturanalyse aufgeklärt [8, 9]. Unter diesen Verbindungen ist das Trisdiethyldithiocarbamatodimethylphenylphosphantechnetium(III) von besonderem Interesse, da hier das Technetium die ungewöhnliche Koordinationszahl 7 in Form einer pentagonalen Bipyramide besitzt [10].

Ein Nebenergebnis der Erforschung der Wasserstoff aktivierenden Wirkung von Tc-Verbindungen ist die Ausarbeitung von neuen Synthesen für $[D_6]$Ethanol und $[D_4]$Essigsäure für die NMR-Spektroskopie, Produkte aus der Palette der Erzeugnisse der Isotopenproduktion des Instituts.

Bei der Erforschung der Eigenschaften stabiler Isotope stehen die Untersuchungen kinetischer und thermodynamischer Isotopieeffekte bei geochemischen Prozessen, insbesondere bei der Genese und Migration von Erdgas und Erdöl, bei der Inkohlung, bei der Metamorphose, bei der Verwitterung, bei der magmatischen Erstarrung und bei der Entgasung von Gesteinen bzw. Magmen, die Untersuchungen thermodynamischer Isotopieeffekte in Systemen wäßrige Lösungen/gasförmige Stoffe wie CH_4 und N_2 sowie die Ausarbeitung einer Theorie der thermodynamischen Isotopieeffekte des Sauerstoffs, des Wasserstoffs und des Siliciums in Silikaten und Alumosilikaten im Vordergrund.

In Zukunft werden Untersuchungen über den Einfluß hoher Drücke auf die Lage von Isotopenaustauschgleichgewichten, über die Kinetik von Isotopenaustauschreaktionen, insbesondere über die Kinetik des Austauschs der Isotope des Sauerstoffs zwischen verschiedenen Mineralien bei magmatischen und postmagmatischen Temperaturen sowie über die Theorie thermodynamischer Isotopieeffekte in anderen als silikatischen natürlichen Systemen hinzukommen [11, 12].

Mit solchen Untersuchungen schaffen wir Grundlagen für die isotopengeochemischen Arbeiten des Instituts. Während in den Jahren bis 1975 die Mitwirkung an der Erforschung der Genese und Migration von Erdgas im Vordergrund stand, haben wir uns seither auf die Erforschung magmatischer Prozesse konzentriert, um Beiträge zur Einschätzung der Lagerstättenhöffigkeit im Südteil der DDR zu leisten. Unter Einbeziehung der dem Institut gegenwärtig zu Gebote stehenden isotopengeochemischen (D, ^{13}C, ^{15}N, ^{18}O), radiogeochronologischen (Rb/Sr-Methode) und elementgeochemischen (Aktivierungsanalyse und Massenspektroskopie) Methoden gelang es, in Zusammenarbeit mit dem Zentralinstitut für Physik der Erde der AdW der DDR, Potsdam, der Bergakademie Freiberg, dem Zentralen Geologischen Institut, Berlin, und dem Institut für Lithosphäre der AdW der UdSSR, Moskau, neue, überraschende Einsichten in die Herkunft und Bildungsweise der Zinnlagerstätte Ehrenfriedersdorf zu gewinnen [13—19]. Es konnte gezeigt werden, daß der Granit des Sauberges bei Ehrenfriedersdorf wahrscheinlich durch Erstarrung eines Magmas entstanden ist, das dem Oberen Mantel bzw. der Benioff-Zone einer (im Variszikum vorhanden gewesenen) abtauchenden ozeanischen Kruste entstammt und postmagmatischen Veränderungen ausgesetzt war. Darüber hinaus wurden Hinweise darauf erarbeitet, daß diese Mantelherkunft für alle westerzgebirgischen Intrusivgranite zutrifft und daß sich die älteren Granite im Westerzgebirge von den jüngeren, derselben Magmenkammer entstammenden Graniten durch einen höheren Anteil eingeschmolzenen Nebengesteins unterscheiden. Diese Erkenntnisse stehen in Gegensatz zu den bisher vorherrschenden Auffassungen, nach denen die den variszischen Erzgebirgsgraniten zugrunde liegenden Magmen durch Aufschmelzen sedimentären Materials entstanden sind.

Für die Strategie unseres Instituts noch wichtiger als diese Erkenntnisse sind die gewonnenen Einsichten in die Zusammenhänge zwischen isotopen- und elementgeochemischen Daten einerseits und der Entstehung magmatischer Gesteine und magmatogener Lagerstätten auf der anderen Seite. Tabelle 1 zeigt eine Reihe von uns gefundener Kriterien, mit deren Hilfe primäre von palingenen Magmatiten unterschieden werden können. Auf der Grundlage solcher Erkenntnisse sollen in den nächsten Jahren auch Untersuchungen über den Magmatismus im mitteldeutschen Kristallin und im Harz durchgeführt werden.

Ebenso wie die Isotopengeochemie leichter Elemente beruht die Trennung solcher Elemente auf der Existenz von Isotopieeffekten. Nach dem Prinzip des chemischen Austauschs der Isotope des Stickstoffs im System HNO_3/NO arbeitende Anlagen zur Gewinnung von ^{15}N in Mengen von einigen 100 g pro Jahr konnten mit vertretbarem Aufwand noch im Institut betrieben werden. Eine Vergrößerung des Maßstabes auf einige Kilogramm pro Jahr aber hätte unerträgliche Aufwendungen für den Zu- und Abtransport der Chemikalien (SO_2 und H_2SO_4) erfordert. Deshalb wurde die ^{15}N-Produktion in einen Betrieb, den VEB Chemisches Kombinat Bitterfeld, verlagert, in dem ohnehin SO_2 in H_2SO_4 umgewandelt wird. Das Institut übernahm die Konstruktion und den Aufbau der weitgehend automatisierten Anlage [20].

Die Arbeiten auf dem Gebiet der elektromagnetischen Isotopentrennung, in deren Ergebnis die stabilen Isotope solcher Elemente wie Magnesium und Cadmium gewonnen und in den Handel gebracht wurden, sind zu Beginn der 70er Jahre eingestellt worden. Die beim Betrieb der Trenner gewonnenen Erfahrungen wurden genutzt, um Ionenstrahlen für die Halbleitertechnologie, zunächst für die Ionenimplantation und später und in Zukunft für die Bearbeitung von Halbleiteroberflächen nutzbar zu machen. Pionierarbeit leistete das Institut bei der Erhöhung der Selektivität des Ionenstrahlätzens durch die Anwendung reaktiver Ätzgase, deren Ionen mit der Halbleiteroberfläche chemische Reaktionen eingehen [21]. Ein weiteres gewichtiges Ergebnis dieser Arbeiten ist die Ausarbeitung einer Schrägschlifftechnik mit Hilfe von Ionenstrahlen, welche die Untersuchung vertikaler Konzentrationsprofile in Festkörperoberflächen mit höchstem Auflösungsvermögen erlaubt [22]. Von besonderer Leistungsfähigkeit ist die inzwischen vollzogene Kombination dieses Prinzips mit der Autoradiographie, insbesondere mit der neutroneninduzierten Autoradiographie, zur Untersuchung von Tiefenprofilen von Halbleiteroberflächen [23].

Die Tracertechnik mit Radionukliden wurde auf die Prozeßanalyse industrieller Anlagen fokussiert, und zwar, den Erfordernissen unserer Volkswirtschaft entsprechend, hauptsächlich auf die Prozeßanalyse von Anlagen der energetischen und stoffwirtschaftlichen Verwertung der

Tab. 1. Kriterien zur Unterscheidung primärer und palingener granitischer Gesteine
($\delta^{18}O_{WR} = \delta^{18}O$-Wert des Gesamtgesteins, $(^{87}Sr/^{86}Sr)_i$ = initiales Sr-Isotopenverhältnis, $\delta D_{DG} = \delta D$-Wert der Dunkelglimmer, t = Alter in Jahren, $I_{^{18}O}^{WR}$ = ^{18}O-Index des Gesamtgesteins, I_D^{DG} = Deuteriumindex der Dunkelglimmer, T = Bildungstemperatur in K) [15, 19]

Meßwert	Herkunft aus dem Oberen Mantel	reiner Anatexit
$\delta^{18}O_{WR}$	$\leqq 1{,}47 \exp(1{,}87 \cdot I_{^{18}O}^{WR}) + 3\%$ rel. $\geqq 2{,}00 \exp(1{,}43 \cdot I_{^{18}O}^{WR}) + 3\%$ rel.	$> 1{,}47 \exp(1{,}87 \cdot I_{^{18}O}^{WR}) + 3\%$ rel.
$(^{87}Sr/^{86}Sr)_i$	$\leqq 1{,}093 \cdot 10^{12}[4{,}55 \cdot 10^9 - (t + 0{,}22 \cdot 10^0)] + 0{,}699$	$> 0{,}719$
δD_{DG}	$\geqq (42 \cdot I_D^{DG} - 73) \cdot 10^3/T - 13$	$< (42 \cdot I_D^{DG} - 73) \cdot 10^3/T - 43$
U/Th	> 5	< 1
K/Rb	< 25	> 160
Sm/Eu	> 20	< 7
Rb/Sr	> 40	< 1
MgO	= (0,39 ... 0,74) Gew.%	≠ (0,39 ... 0,74) Gew.%
K_2O	= (4,12 ... 6,18) Gew.%	≠ (4,12 ... 6,18) Gew.%
MnO	= (0,051 ... 0,088) Gew.%	≠ (0,051 ... 0,088) Gew.%

Abb. 1. Innenansicht des Meßwagens für die industrielle Isotopenanwendung

einheimischen Braunkohle. Für solche Untersuchungen wurde eine, in dem Fahrzeug W 50 installierte, mobile Meßtechnik entwickelt und aufgebaut (Abb. 1). Das Meßsystem besteht aus einer variablen Zahl von Strahlungsmeßgeräten 20026, einem Meßwertspeichersystem S 3293 sowie einem Serialisierungssystem S 3297 mit Lochbandstanzer S 3297.311. Die Ausgabegeschwindigkeit des Stanzers beträgt 50 Zeichen/s und bestimmt die Auflösungszeit des Systems. Da zur Ausgabe eines 6stelligen Meßwertes mit zugehörigen OP-Zeichen etwa 0,2 s benötigt werden, ergibt sich als Auflösungszeit des Systems $0{,}2 \cdot n$ (n = Zahl der Meßstellen). Als Detektoren werden Szintillationsmeßsonden VA-S-50 eingesetzt, die über Kabel bis zu 100 m mit den Strahlungsmeßgeräten verbunden sind. Das installierte Meßsystem erlaubt die parallele Erfassung von maximal 12 Meßstellen. Durch den Einsatz von Meßstellenumschaltern sind maximal 30 Meßstellen erfaßbar. Neben der digitalen Meßwerterfassung ist auch die analoge Erfassung von Meßdaten auf einem 8-Kanal-Lichtlinienschreiber bzw. auf Kompensationsbandschreibern möglich. Zur Verbesserung der Auflösungszeit können die Zählimpulse mittels Magnetbandspeicher NXZ 701 (TESLA) auf Magnetband gespeichert und mit geringerer Geschwindigkeit wieder abgespielt werden. Damit läßt sich die Auflösungszeit auf die Hälfte verringern.

Im Rahmen dieser Arbeiten wurden komplexe tracertechnische Untersuchungen an Anlagen des VEB Leuna-Werke „Walter Ulbricht" zur Produktion von Caprolactam und Polycaprolactam, an Brikettfabriken des Braunkohlekombinats Regis, an Anlagen im Kraftwerk Boxberg, im Gaskombinat Schwarze Pumpe und in anderen Betrieben durchgeführt, in deren Ergebnis unserer Volkswirtschaft ein Nutzen in Höhe von vielen Millionen Mark pro Jahr entsteht.

Ein weiterer Schwerpunkt der Tracertechnik mit Radionukliden ist die Analytik von Halbleitermaterialien mit dem Ziel der Prozeßkontrolle und Prozeßanalyse in der Halbleiterfertigung. Gerade hier spielt die Autoradiographie in Kombination mit der schon erwähnten Schrägschlifftechnik und mit einem mit Mikrorechner gekoppelten Bildauswertesystem Densitron, dessen Anwendungsbereich weit über die Autoradiographie hinausgeht, eine entscheidende Rolle.

Eine lange Tradition in unserem Institut hat auch die Ausarbeitung und Anwendung von Radioimmunoassays zur quantitativen Bestimmung von Hormonen, hauptsächlich von Thyroxin (T4), Trijodthyronin (T3), TSH und anderen Proteohormonen sowie von Steroidhormonen, für die medizinische Diagnostik und für die Tierproduktion.

Die Tracertechnik mit stabilen Isotopen ist in unserem Institut auf die Anwendung des stabilen Isotops ^{15}N zur Untersuchung des tierischen und pflanzlichen Stoffwechsels und, in den letzten Jahren und auch in Zukunft, hauptsächlich auf die humanmedizinische Forschung und Diagnostik konzentriert. Tiefe Einsichten in den Stickstoff-Stoffwechsel im System Boden—Pflanze—Tier—Mensch und Erkenntnisse über Zusammenhänge zwischen Erkrankungen der Leber und anderer Organe und dem Stickstoff- und Eiweißstoffwechsel des Menschen sind im Ergebnis solcher Untersuchungen entstanden, die wir gemeinsam mit dem Bezirkskrankenhaus St. Georg, Leipzig, der Karl-Marx-Universität und anderen Einrichtungen durchführen [24—28].

II. Erforschung der Wechselwirkung zwischen ionisierender Strahlung und Materie

Die Arbeiten des Instituts auf dem Gebiet der Erforschung der Wechselwirkung zwischen ionisierender Strahlung und Materie dienen einerseits der Stoff- und Strukturanalytik, haben zum anderen aber auch Grundlagen für die Entwicklung der Strahlentechnik mit ihren vielfältigen Anwendungen zu schaffen [29].

Von grundsätzlicher Bedeutung für die Erforschung des Kernzerfalls und für das Verständnis der Wechselwirkung zwischen Atomkern und Atomhülle sind die Mitte bis Ende der 70er Jahre durchgeführten Untersuchungen über die Beeinflussung der Geschwindigkeit des Kernzerfalls durch den chemischen Bindungszustand, in dem sich das radioaktive Atom befindet. Fortschritte in der theoretischen Durchdringung dieser Wechselwirkungsprozesse, insbesondere bei Elektroneneinfangs- und bei Konversionsstrahlern, zusammen mit der Ausarbeitung einer neuen Technik zum experimentellen Nachweis geringster Unterschiede in den Halbwertszeiten des radioaktiven Zerfalls führten zu neuen Erkenntnissen über die Zusammenhänge zwischen der Zerfallskonstanten des ^{99m}Tc und dem chemischen Bindungszustand des Technetiums (Wertigkeit, Koordinationszahl und Art der Liganden) sowie über die Bindungsverhältnisse in Technetiumverbindungen, auch in solchen Technetiumverbindungen, die als Nuklearpharmaka von Bedeutung sind [30—38].

Große Fortschritte wurden erzielt bei der Aerosolionisationsgasanalyse zum Nachweis toxischer Gase wie SO_2, Metallcarbonyle, Thiophosphorsäureester und Halogenkohlenwasserstoffe in Luft im ppb- bis ppm-Bereich. Das zu bestimmende Gas wird durch eine spezifische Reaktion in ein Aerosol verwandelt. Die Messung der Konzentration dieses Aerosols wird in einer mit einem weichen γ-Strahler bestückten Kammer auf die Messung des Ionisationsstromes zurückgeführt. Die Serienfertigung eines solchen Gerätes ist in Vorbereitung. Durch Kombination mit einer gaschromatographischen Trennsäule läßt sich, wie gezeigt wurde, die Selektivität des Nachweises noch steigern.

Von noch größerer Anwendungsbreite als die Aerosolionisationsgasanalyse ist die Kombination Gaschromatographie — Strahlungsionisationsdetektor. Der spezifische Beitrag unseres Instituts zur Entwicklung dieses analytischen Prinzips besteht in der Schaffung von Strahlungsionisationsdetektoren, die durch bloße Veränderung elektrischer Größen und des Trägergases allen typischen Arbeitsbereichen angepaßt werden können: Sie können also sowohl als Ionisationsquerschnittsdetektoren (Analytik beliebiger Gase und Dämpfe in nicht zu geringen Konzentrationen) als auch als Elektronenanlagerungsdetektoren (Nachweis elektronegativer Gase und Dämpfe in Spuren) und als Edelgasdetektoren, besonders als Heliumdetektoren (Nachweis anorganischer Gase, Kohlenwasserstoffe und Halogenkohlenwasserstoffe im ppb-Bereich) arbeiten [39—41]. Die Methoden finden dank ihrer Leistungsfähigkeit bei der Messung von Spuren von Ätz- und Dotiergasen Eingang in die Prozeßanalyse von Anlagen der Halbleiterindustrie; ihr Wert für die Schadstoffkontrolle im Dienste der Reinhaltung der Luft kann kaum überschätzt werden. Im Laufe der letzten Jahre gelang es, halbempirische Ansätze zur mathematischen Behandlung der Vorgänge sowohl im Aerosolionisationsgasanalysator als auch in den beschriebenen Strahlungsionisationsdetektoren auszuarbeiten [42, 43].

Seit einigen Jahren werden Anstrengungen unternommen, um die Spezifität solcher klassischen radiometrischen Methoden wie die Streuung und Schwächung der Kernstrahlung zu erhöhen und zur Prozeßkontrolle heranzuziehen. Erste erfolgversprechende Ergebnisse liegen bei der berührungslosen Bestimmung des Aschegehalts von Rohbraunkohle am laufenden Transportband vor. Ein durch Rückwärtsstreuung, Vorwärtsstreuung bzw. Schwächung von Gammastrahlung gewonnenes Signal hängt in diesem Falle von der Menge (Schütthöhe und Schüttdichte) und vom Aschegehalt der Kohle ab. Durch Kombination wenigstens zweier solcher radiometrischen Verfahren bzw. durch Kombination zweier Gammaenergien für eines dieser Verfahren gelingt es unter Ausnutzung der — wenn auch geringen — Unterschiede in der Abhängigkeit der Schwächung bzw. Streuung von der Ordnungszahl, den Einfluß der Menge zu eliminieren und ein Signal zu gewinnen, aus dem ein on-line-gekoppelter Mikrorechner den Aschegehalt berechnen kann. Dies ist — am Beispiel der Bestimmung des Aschegehalts von Rohbraunkohle erläutert — das Prinzip unserer komplexen radiometrischen Analysensysteme.

Dem Mikrorechner kann zugleich die Aufgabe übertragen werden, die gewonnene Information über den Aschegehalt oder einen anderen Qualitätsparameter für die Prozeßkontrolle zu verarbeiten. Durch Kombination mit Methoden, die auf der Nutzung von Neutronen- bzw. Positronenstrahlung beruhen, wird es möglich werden, die Leistungsfähigkeit der Radiometrie für die Prozeßkontrolle weiter zu steigern.

Von höherer Spezifität für die stoffliche (Element-) Zusammensetzung, aber eben mit größerem apparativem Aufwand verbunden und von geringerer Robustheit, ist die Röntgenfluoreszenzanalyse durch Anregung mit Kernstrahlung. Durch Anwendung von Teilchenstrahlung anstelle von Röntgen- bzw. Gammastrahlung läßt sich auch bei leichteren Elementen eine Röntgenfluoreszenzstrahlung hoher Intensität erzeugen. Die Substitution des (mit flüssigem Stickstoff zu kühlenden) Halbleiterdetektors durch den robusteren Proportionalszintillationsdetektor hat, wie die Arbeiten unseres Instituts gezeigt haben, eine Reihe von Vorteilen, besonders wenn es um den Nachweis leichter Elemente wie Stickstoff, Sauerstoff und Kohlenstoff mit ihrer weichen charakteristischen Röntgenstrahlung geht. Durch die Optimierung dieses Detektortyps, besonders hinsichtlich der chemischen Zusammensetzung und des Drucks des Füllgases, gelang es, das Auflösungsvermögen der Halbleiterdetektoren zu erreichen. Die Methode wird zur Analytik biologischer Materialien herangezogen und wird auch in die Prozeßkontrolle naßmetallurgischer Prozesse einbezogen werden.

Große Anstrengungen unternimmt das Institut bei der Entwicklung der Bestrahlungstechnik für die chemische, elektrotechnische und polygraphische Industrie und für die Land-, Forst- und Nahrungsgüterwirtschaft. Für die Schaffung der notwendigen wissenschaftlichen Grundlagen wurden die Pulsradiolyse und die kinetische Elektronenspinresonanz aufgebaut und auf die Erforschung der Kinetik strahlenchemischer Reaktionen in Lösungen mit polaren und unpolaren organischen Lösungsmitteln und in organischen Gläsern orientiert. Durch Veränderungen am Aufbau und an der Betriebsweise des Elektronenimpulsbeschleunigers Elit-1A des Instituts für Kernphysik, Nowosibirsk, der Sibirischen Abteilung der AdW der UdSSR, die gemeinsam mit Mitarbeitern dieses Instituts vorgenommen wurden, gelang es, das zeitliche Auflösungsvermögen der Pulsradiolyse in den Bereich unterhalb einer Nanosekunde zu treiben [44, 45]. Im Ergebnis dieser Untersuchungen entstanden neue, auch durch theoretische Untersuchungen gestützte Erkenntnisse über den Mechanismus der schnellen Ladungsübertragung in den untersuchten Systemen. Ein der Festkörperphysik entlehntes Bändermodell der flüssigen Phase erwies sich als geeignet,

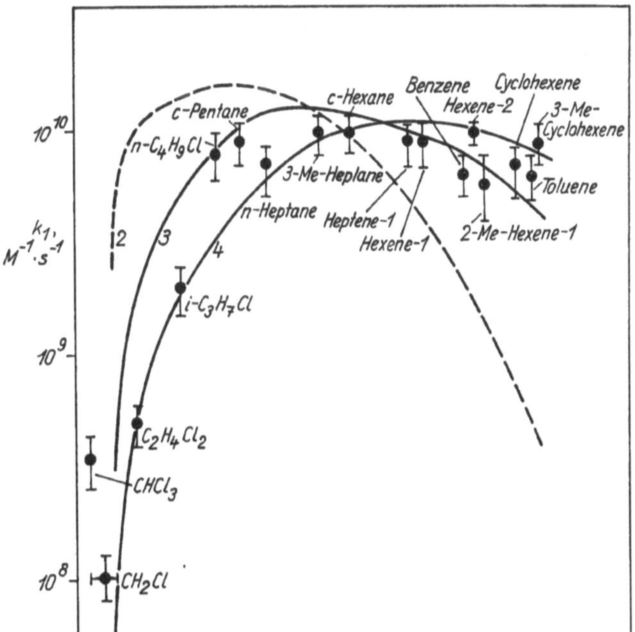

Abb. 2. Abhängigkeit der Geschwindigkeitskonstanten k der Ladungsübertragung von Tetrachlorkohlenstoff als Lösungsmittel auf gelöste Stoffe von der Differenz der Gasphasen-Ionisationspotentiale ΔI von Lösungsmittel und gelöstem Stoff [48]
● — experimentelle Werte; ——— u. – – – berechnete Abhängigkeiten

die experimentellen Beobachtungen zu beschreiben [46 bis 53]. So konnte auf der Grundlage dieses Modells die Abhängigkeit der Geschwindigkeitskonstanten k der Ladungsübertragung von Tetrachlorkohlenstoff auf gelöste Substanzen vom Unterschied der Gasphasen-Ionisationspotentiale ΔI des Lösungsmittels und des gelösten Stoffes in guter Näherung beschrieben werden (Abb. 2).

In zunehmendem Maße gelingt es auch, die Auswirkungen der inhomogenen Verteilung der Ionen und angeregten Moleküle unmittelbar nach dem Durchgang geladener Teilchen (Bildung von Spurs) auf die gesamte Kinetik der Wechselwirkungsprozesse experimentell und theoretisch zu erfassen und so einer Erscheinung Rechnung zu tragen, die die strahlenchemischen Vorgänge von ähnlichen, etwa photochemischen oder plasmachemischen Reaktionen in charakteristischer Weise unterscheidet. Während die Pulsradiolyse die Kinetik der Bildung und des Zerfalls von Ionen und angeregten Molekülen zu untersuchen gestattet, wurde mit der Entwicklung der kinetischen Elektronenspinresonanzspektroskopie die Erfassung auch von Radikalbildungs- und -umwandlungsvorgängen möglich [54, 55]. Mit diesem experimentellen Arsenal und den erwähnten reaktionskinetischen Erkenntnissen gehört unser Institut zu den führenden Laboratorien auf dem Gebiet der Erforschung der Wechselwirkung zwischen ionisierender Strahlung und Materie.

Die Erkenntnisse unserer strahlenchemischen Grundlagenforschung dienen der Entwicklung der Radiometrie; in erster Linie aber sind sie Basis der Ausarbeitung strahlentechnischer Verfahren und der Entwicklung von Werkstoffen hoher Strahlenresistenz für die Kerntechnik. Gewichtige Ergebnisse der Forschungstätigkeit unseres Instituts auf diesem Gebiet, mit dessen Bearbeitung erst nach der Konstituierung des Instituts begonnen wurde, sind die Entwicklung eines strahlenchemischen Verfahrens zur Produktion von kochfestem chloriertem PVC durch Umsetzung von PVC-Pulver mit Chlor in einem Wirbelbett, das sich im Strahlenfeld einer ^{60}Co-Bestrahlungsanlage befindet, und die Entwicklung, der Aufbau und die Erprobung einer ebenfalls mit ^{60}Co bestückten Anlage zur Strahlenbehandlung von Zwiebeln. Die strahlenchemische PVC-Chlorierung wurde gemeinsam mit dem VEB Chemisches Kombinat Bitterfeld ausgearbeitet und bis zum Pilotmaßstab geführt [56]. Die Entwicklung und der Aufbau der Anlage zur Zwiebelbestrahlung erfolgte in enger Kooperation mit der LPG Weideroda-Zwenkau, dem VEB Landtechnischer Anlagenbau Großzössen und einer großen Zahl weiterer Kooperationspartner im Bezirk Leipzig. Die Anlage gestattet die Strahlenbehandlung von 500 t Zwiebeln im Laufe der drei- bis vierwöchigen Erntekampagne [57].

Gemeinsam mit der LPG und der Großhandelsgesellschaft Obst, Gemüse und Speisekartoffeln durchgeführte Lagerungsversuche zeigten, daß die Kühllagerung der Zwiebeln während der Frühjahrs- und Sommermonate entbehrlich ist und daß die Lagerungsverluste durch Sproßkeimung auf wenige Prozente gesenkt werden können. Die gegenwärtigen und zukünftigen Anstrengungen des Instituts sind auf die Entwicklung eines neuen Typs von Bestrahlungsanlagen orientiert, der einen höheren Grad der Ausnutzung der Gammastrahlungsenergie, einen wesentlich höheren Durchsatz und die Anpassung des Transportsystems an beliebige zu bestrahlende Güter gewährleistet. Diese Anlage soll während des gesamten Jahres in Betrieb sein können. Mit der Entwicklung der Strahlenbehandlung von Lebensmitteln, Arzneimitteln, Impfstoffen, Futtermitteln und anderen Gütern in der erforderlichen Breite schaffen wir die Voraussetzungen für die Realisierung dieser Konzeption.

In einer Reihe von Fällen, genannt sei die Strahlenbehandlung ortsfester oder wegen ihrer Zerbrechlichkeit nicht transportabler, von Schädlingen befallener Kunstgegenstände, ist die Verfügbarkeit transportabler Bestrahlungsanlagen wünschenswert. Durch Substitution des ^{60}Co durch ^{137}Cs mit seiner weicheren Gammastrahlung und durch Verwendung von U anstelle von Pb als Abschirmung gelang uns die Entwicklung und der Bau der Bestrahlungsanlage HWK-3 [58], die von zwei Personen über kurze Strecken getragen und durch normale Türöffnungen gebracht werden kann. Es ist dies nach unserer Kenntnis die einzige tragbare Bestrahlungsanlage der Welt, mit deren Hilfe ortsfeste Gegenstände bestrahlt und so vor dem Verfall bewahrt werden können.

III. Analyse radioaktiver und stabiler Isotope

Bei der Analyse radioaktiver Nuklide bedienen wir uns in der Regel kommerzieller Geräte und herkömmlicher Techniken. Spezielle Techniken wurden ausgearbeitet für die naßchemische Aufbereitung für die Aktivierungsanalyse, für die Messung von T und ^{14}C im natürlichen Bereich, besonders aber für die Auswertung von Autoradiogrammen [59–62].

Das von uns entwickelte, mit einem kommerziellen Farbfernsehbildgerät ausgestattete und mit einem Mikrorechner vom Typ MPS 4944 gekoppelte Densitron gestattet die Klassierung der Grautöne eines Autoradiogramms oder eines beliebigen Ausschnitts eines solchen Autoradiogramms in 7 Klassen, die auf dem Bildschirm in je einer von 6 Farben bzw. schwarz abgebildet werden. So lassen sich beliebige Details auf dem Originalbild in bis zu 7 Stufen auflösen und so hervorheben oder, wenn für die Auswertung uninteressant, auch unterdrücken. Das Gerät erlaubt das Ausdrucken der zu den einzelnen Grautönen gehörigen Flächen und auch eine Speicherung im Mikrorechner zum Zwecke einer späteren Wiedergabe oder einer maschinellen Bildverarbeitung. Die dafür erforderliche Software ist ausgearbeitet. Das Gerät ist in einer Stückzahl von 5 von unserem Institut und in einer Stückzahl von etwa 35 vom Zentrum für Wissenschaftlichen Gerätebau der AdW gebaut worden. Gegenwärtig wird gemeinsam mit dem Zentrum für Wissenschaftlichen Gerätebau die Fertigung einer den inzwischen gewachsenen Möglichkeiten der Mikroelektronik entsprechend modernisierten Version des Densitron vorbereitet. Selbstverständlich eignet sich das Gerät auch für die Auswertung beliebiger anderer „Schwarz-Weiß-Bilder" (Luftbildaufnahmen, Satellitenbilder, astronomische Aufnahmen, Röntgenbilder, angeschliffene Oberflächen mehr oder weniger körniger bzw. poröser Struktur u. a.). Für das Zentralinstitut für Isotopen- und Strahlenforschung ist das Densitron in Verbindung mit der Autoradiographie und der Ionenstrahl-Schrägschlifftechnik und mit der Kombination beider in erster Linie ein Mittel der Analytik von Halbleitermaterialien im Dienste der Prozeßanalyse und -kontrolle an Fertigungsprozessen der Halbleiterindustrie.

Was die Analytik stabiler Isotope betrifft, wird sie zum überwiegenden Teil an kommerziellen Massenspektrometern betrieben. Einige dieser Geräte wurden und werden durch on-line-Kopplung mit Mikrorechnern, durch Kopplung mit Geräten zur probenchemischen Vorbereitung bzw. durch Kombination mit Probenspeichern für die automatische Probenzuführung vervollkommnet.

Besondere Anstrengungen hat das Institut unternommen, um eine breite Anwendung des stabilen Isotops ^{15}N in der agrarwissenschaftlichen, biologischen und medizinischen Forschung und Praxis durch die Bereitstellung einfacher, emissionsspektrometrischer Geräte zu erleichtern. Mit der Überführung zweier dieser Geräte, des NOI-5 und des Isonitromat 5200, in die Produktion des VEB Statron, Fürstenwalde, wurde die DDR für einige Jahre der alleinige Produzent nichtmassenspektrometrischer ^{15}N-Analysatoren der Welt.

Für die jüngste Entwicklung unseres Instituts auf diesem Gebiet, das NOI-6, das in den letzten Jahren [63] gemeinsam mit dem IAEA-Labor Wien-Seibersdorf mit einem Mikrorechner ausgerüstet wurde, wird die Einführung in die Produktion gegenwärtig vorbereitet. Das Gerät gestattet die Verarbeitung von 20 Proben pro Stunde mit einer Reproduzierbarkeit von 1% relativ bei Probenmengen von 10 µg. (Der Stickstoff muß in Lösung in Form einer chemischen Verbindung vorliegen, die mit NaBrO unter N_2-Bildung reagiert, also in Form von Ammoniumsalzen oder von Amiden.)

IV. Erzeugnisse mit radioaktiven und stabilen Isotopen

Anders als die Mehrzahl der Institute der Akademie der Wissenschaften der DDR ist das Zentralinstitut für Isotopen- und Strahlenforschung nicht nur Forschungs-, sondern auch Produktionsstätte, anfangs mit einer breiten, auch ^{15}N und ^{15}N-markierte Verbindungen und eine Reihe von Nuklearpharmaka einschließenden Palette, die auf vier Erzeugnisgruppen profiliert wurde: deuterierte Lösungsmittel für die Spektroskopie, insbesondere für die Kernresonanzspektroskopie, mit einer relativen Häufigkeit des Deuteriums von 98,0 bis 99,8%; umschlossene Strahlungsquellen, hauptsächlich mit den Nukliden ^{60}Co, ^{85}Kr, ^{90}Sr, ^{106}Ru, ^{147}Pm und ^{137}Cs mit Aktivitäten bis zu etwa 10 Ci; Radioimmunoassays für die Humanmedizin, speziell für die Bestimmung von Schilddrüsenhormonen, Gonadotropinen, Steroiden, aber auch von anderen biologisch hochwirksamen Substanzen (Herzglycoside, Arzneimittel, Vitamine); und Flächenpräparate.

Die Entwicklung des Umfangs unserer Isotopenproduktion in ihren einzelnen Erzeugnisgruppen zeigt Tabelle 2, bei deren Interpretation zu berücksichtigen ist, daß im Jahre 1975 die ^{15}N-Produktion in den VEB Chemisches Kombinat Bitterfeld und im Jahre 1981 die Produktion jodmarkierter Verbindungen in das Zentralinstitut für Kernforschung der AdW übergeführt wurde.

Tab. 2. Isotopenproduktion (relativiert, 1974 gesamt = 100, Basis Industrieabgabepreis)

Erzeugnisgruppe	1974	1976	1978	1980	1983
Jod-markierte Verbindungen	14	18	23	25	–
deuterierte Verbindungen	11	12	22	25	49
radioaktive Spezialpräparate	–	–	–	1	4
$H^{15}NO_3$	12	–	–	–	–
umschlossene Quellen	28	39	50	77	75
Pharmaka, RIA	34	49	55	74	105
gesamt	100	118	150	202	233
darunter Export in nichtsozialistische Länder	12	20	20	35	67

Für die wichtigsten deuterierten NMR-Lösungsmittel aus der über 200 Präparate umfassenden Palette an deuterierten Verbindungen ist eine Erhöhung der relativen Deuteriumhäufigkeit von 99,8 auf 99,95 Atom-% vorgesehen. Die Voraussetzungen dazu werden geschaffen durch Hochanreicherung von D_2O auf 99,98 Atom-% D mittels Destillation von Wasser mit 70–90 Atom-% D unter vermindertem Druck. Zur Herstellung der Verbindungen $[D_6]$Aceton, $[D_6]$Dimethylsulfoxid, [OD]Methanol und [OD]Ethanol wurde ein Gegenstrom-Austauschverfahren mit D_2O ausgearbeitet [64]. Auch wurden optimale Verfahren zur Darstellung und Hochanreicherung von $[D_8]$-Tetrahydrofuran [65], cyclischen und n-Alkanen [66] sowie Aromaten, $[D_{10}]$Butanol und $[D_6]$Ethanol [67] erarbeitet.

Unter den umschlossenen Strahlungsquellen sollen der mit ^{60}Co, ^{137}Cs, ^{22}Na und ^{85}Kr bestückte Unterrichtsquellensatz, mit dem heute alle Schulen der DDR ausgestattet sind und der auch in andere Länder wie die UdSSR, Kuba und die BRD geliefert wird, und die mit dem harten Betastrahler $^{106}Ru/^{106}Rh$ ausgestatteten Augenkalotten zur Therapie maligner Tumore des Augapfels, für die das ZfI bisher alleiniger Produzent der Welt ist, hervorgehoben werden.

Was die Entwicklung von Radioimmunoassays betrifft, so tragen wir auch dem immer größer werdenden Bedarf der Tierproduktion, beginnend mit der Bereitstellung eines Schweine-LH-Radioimmunoassays für die Kontrolle der Brunstzyklisation, Rechnung.

Unter den Entwicklungen auf dem Gebiet der Flächenpräparate seien hervorgehoben Schilddrüsen-, Leber- und Herzphantome sowie ein in Zukunft noch zu erweiternder Satz von Flächenpräparaten für die Autoradiographie. Bei dem Schilddrüsen- und dem Leberphantom handelt es sich um Organnachbildungen mit den Nukliden ^{57}Co und Mock-^{131}J für die Testung von Gamma-Kameras und Scannereinrichtungen in der Nuklearmedizin. Für die Überprüfung der Homogenität bei Messungen mit der Gamma-Kamera werden Großflächenpräparate mit den Nukliden ^{57}Co und Mock-^{131}J bereitgestellt.

Der Eichsatz für die quantitative Autoradiographie besteht aus Flächenpräparaten mit den Radionukliden ^{63}Ni, ^{99}Tc, $^{90}Sr/^{90}Y$ und ^{204}Tl mit definiertem, an der Oberfläche austretendem Teilchenfluß.

Eingegangen am 24. 2. 1984

Literatur

[1] *K. Wetzel*, ZfI-Mitt. 17 (1968) 21

[2] *G. Pfrepper, M. Süß*, „Verfahren zur Abtrennung von Cäsium aus Wiederaufbereitungslösungen", DD-WP 137 405 (5. 9. 1979); DD-WP 146 007 (21. 1. 1981); DD-WP 152 916 (16. 12. 1981

[3] *W. I. Spizyn, G. N. Pirogova, O. V. Pokrovskaja, M. Wahren*, „Verfahren zur Herstellung von Ammoniaksynthesekatalysatoren", DD-WP 149 931 (5. 8. 1981)

[4] *B. Lorenz, H. Rommel, M. Wahren*, Z. Chem. **22** (1982) 224

[5] *L. Kaden, B. Lorenz, M. Wahren*, Isotopenpraxis 18 (1982) 400

[6] *R. Kirmse, B. Lorenz, K. Schmidt*, Polyhedron **2** (1983) 935

[7] *B. Lorenz, K. Schmidt*, Z. Chem. **23** (1983) 423

[8] *W. I. Spizyn, B. Bayerl, C. V. Krjutschkov, A. F. Kuzina, M. Wahren*, Dokl. Akad. Nauk SSSR (russ.) **256** (1981) 608

[9] *Ju. T. Strutschkov, A. S. Bazanov, L. Kaden, B. Lorenz, M. Wahren, H. Meyer*, Z. anorg. allg. Chem. **494** (1982) 91

[10] *A. S. Bazanov, Ju. T. Strutschkov, B. Lorenz, M. Wahren*, Z. anorg. allg. Chem. (1984) im Druck

[11] *K. Wetzel, E. Winkler*, On the Isotopic Composition of Nitrogen in its Natural Cycle. Proc. of the III. Intern. Conf. on Stable Isotopes, Oak Brook, Ill., 1978, Academic Press, New York–San Francisco–London **1979**, p. 181–190
[12] *K. Wetzel*, ZfI-Mitt. Nr. 29 (1980) 2a, 13
[13] *K. Wetzel, H. Schütze*, Chem. Erde **40** (1981) 58
[14] *K. Wetzel, G. Christoph, H. Schütze*, Chem. Erde **41** (1982) 183
[15] *K. Wetzel*, Chem. Erde **42** (1983) 69
[16] *K. Wetzel*, Geol. Wiss., Berlin **11** (1983) 5, 531
[17] *K. Wetzel*, Chem. Erde **42** (1983) 101
[18] *K. Wetzel*, Chem. Erde **42** (1983) 239
[19] *H. Schütze, G. Stiehl, K. Wetzel, P. Beuge, R. Haberlandt, H. Gerstenberger, G. Tischendorf, U. Wand, K. Mühle, H.-J. Rösler, W.-D. Hermichen*, ZfI-Mitt. 76 (1983) 232
[20] *E. Krell*, Isotopenpraxis **12** (1976) 188
[21] *W. Helmstreit, F. Bigl*, „Verfahren zum reaktiven Ionenstrahlätzen von Silizium", DD-WP 145 348 (3. 12. 1980); *W. Helmstreit, F. Bigl, L. Richter*, „Verfahren zum reaktiven Ionenstrahlätzen organischer Materialien"; DD-WP 145 347 (3. 12. 1980)
[22] *T. Bardo, F. Bigl, A. Schindler, R. Fechner*, „Verfahren zur Herstellung von Schrägschliffen" DD-WP 138 589 (7. 11. 1979)
[23] *F. Bigl, J. Flachowsky, K. Freyer, H.-Ch. Treutler*, „Verfahren zur Bestimmung von Substanztiefenprofilen in dünnen Schichten", DD-WP 145 795 (7. 11. 1981)
[24] *K. Wetzel*, Development in Analysis of Stable Isotopes. Proc. IAEA/RGW Technical Committee Meeting 1977, Leipzig, Stable Isotopes in the Life Sciences, IAEA, Vienna 1977, 141
[25] *W. Hartig, H.-D. Czarnetzki, H. Faust, K. Hirschberg, K. Jung, P. Junghans, K. Wetzel, H. Willgerodt*, Fortschritte d. Med, – DDR-Med.-Rep. **7** (1978) 563
[26] *E. Winkler, H. Faust, K. Wetzel, H.-D. Czarnetzki, W. Hartig*, Isotopenpraxis **14** (1978) 367
[27] *K. Wetzel, H. Faust*, J. Nucl. Agricult. and Biol. **1978**, 123
[28] *W. Hartig, H. Albert, H.-D. Czarnetzki, H. Faust, F. Hausmann, K. Jung, P. Junghans, R. Matkowski, J. Putziger, V. Vogel, K. Wetzel*, Dt. Zs. Verdau- u. Stoffwechselkrankheiten **40** (1980) 74
[29] *K. Wetzel, W. Reicherdt, J. Bös*, Aus der Arb. Plenum u. Klassen AdW d. DDR–Berlin 8 (1983) 6, 1
[30] *K.-P. Dostal, M. Nagel, D. Pabst*, Z. Naturforschg. **32a** (1977) 345
[31] *M. Nagel, G. Brunner, K.-P. Dostal, E. Hartmann, D. Hinneburg, H. Kupsch, D. Pabst, A. Rigó*, Z. Naturforschg. **33a** (1978) 1050
[32] *K.-P. Dostal, B. Bayerl*, Z. Naturforschg. **35a** (1980) 894
[33] *E. Hartmann, R. Der, M. Nagel*, Z. Physik **A290** (1979) 349
[34] *D. Hinneburg*, Z. Physik **A300** (1981) 129
[35] *D. Hinneburg, M. Nagel, G. Brunner*, Z. Physik **A299** (1981) 201
[36] *B. Johansen, R. Münze, K.-P. Dostal, M. Nagel*, Radiochem. Radioanalyt. Letters **47** (1981) 57
[37] *D. Hinneburg, M. Nagel, G. Brunner*, Z. Physik **A291** (1979) 113
[38] *R. Der, D. Hinneburg, M. Nagel*, Comp. Phys. Comm. 18 (1979) 401
[39] *J. Leonhardt, H.-J. Große, P. Popp, H.-W. Thümmel*, Atomic Energy Review **16** (1978) 247
[40] *J. Leonhardt, H.-J. Große, P. Popp*, Isotopenpraxis **16** (1980) 352, ibid. 383
[41] *J. Leonhardt, J. Bös, H.-J. Große, P. Popp*, ZfI-Mitt. 28 (1980) 109
[42] *P. Popp*, AdW der DDR, Dissertation B, Leipzig **1983**
[43] *H.-J. Große*, AdW der DDR, Dissertation B, Leipzig **1983**
[44] *S. P. Vasserman, V. Kuzenko, R. Mehnert, R. Hermann*, Radiat. Phys. Chem. (im Druck)
[45] *R. Mehnert, O. Brede, W. Naumann, R. Hermann*, Ber. Bunsenges. Phys. Chem. 87 (1983) 387
[46] *O. Brede, W. Helmstreit, R. Mehnert*, Chem. Phys. Letters **23** (1974) 43
[47] *R. Mehnert, O. Brede, J. Bös*, Z. Chem. **17** (1977) 268
[48] *R. Mehnert, O. Brede, J. Bös, W. Naumann*, Ber. Bunsenges. Phys. Chem. **83** (1979) 992
[49] *O. Brede, J. Bös, R. Mehnert*, Ber. Bunsenges. Phys. Chem. **84** (1980) 63
[50] *W. Naumann, J. Bös, R. Mehnert, O. Brede*, ZfI-Mitt. 35 (1981) **61**
[51] *R. Mehnert, O. Brede, J. Bös, W. Naumann*, J. Electrostatics **12** (1982) 107
[52] *R. Mehnert, O. Brede, W. Naumann*, Ber. Bunsenges. Phys. Chem. (1982) 525
[53] *R. Mehnert, O. Brede, J. Bös*, Radiochem. Radioanal. Letters **51** (1982) 47
[54] *D. Beckert, K. Mehler*, Ber. Bunsenges. Phys. Chem. **87** (1983) 587
[55] *D. Beckert, K. Mehler*, Exp. Techn. Phys. **31** (1983) 397
[56] *J. Bös, K. Friese, B. Hößelbarth, W. Kochmann, W. Reicherdt J. Reinhardt, P. Schmidt, R. Schubert, K. Treutner*, „Verfahren zur strahlenchemischen Chlorierung von Vinylchloridpolymeren" DD-WP 155 821 (7. 7. 1982)
[57] *G. Hübner, E. Beise, R. Müller, E. Winkler, G. Müller, J. Reinhardt, J. Drews, R. Voigt, R. Wengler, K. Wetzel*, „Gammabestrahlungsanlage für Schüttgüter", DD-WP 205 818 (11. 1. 1984); *H. Dahlhelm, C. Matejko, G. Hübner*, Isotopenpraxis **19** (1983) 428
[58] *H. Bär, M. Bär, E. Dahn, B. Eckert, J. Reinhardt, H. Schulze G. Tamme, K. Wetzel*, „Transportable Gammabestrahlungsanlage" DD-WP 135 777 (23. 5. 1979)
[59] *K. Freyer, H. Baumbach, H.-C. Treutler*, ATOMKI Közl. **18** (1976) 185
[60] *A. Lutze-Birk, L. Waliś, T. Chajecki, K. Freyer, H.-C. Treutler, W. Birkholz, B. Šverak*, Isotopenpraxis **14** (1978) 192
[61] *H.-C. Treutler, K. Freyer*, Nukleonika **25** (1980) 1321
[62] *W. Birkholz, K. Freyer*, J. Radioanal. Chem. **79** (1983) 245
[63] *G. Meier, K. Mauersberger*, Isotopenpraxis **18** (1982) 164
[64] *G. Stiehl, M. Wahren*, „Verfahren zur Herstellung deuterierter Verbindungen durch Wasserstoffisotopenaustausch", DD-WP 160 572 (5. 10. 1983)
[65] *G. Möbius, K.-H. Heinrich*, „Verfahren zur Herstellung perdeuterierten Tetrahydrofurans", WPC 07 D 209 205 (21. 11. 1978)
[66] *G. Möbius, G. Schaaf*, „Verfahren zur Darstellung deuterierter organischer Verbindungen", eingereicht am 30. 1. 1984
[67] *M. Wahren, B. Bayerl, G. Möbius, B. Lorenz, S. Rummel, D. Jung, Ch. Wienhold*, „Verfahren zur katalytischen Hydrierung von Karbonsäuren", DD-WP 142 050 (4. 6. 1980)

Isotopenpraxis 20 (1984) 10, S. 373 bis 378

Radionuklidanwendung in der Industrie der DDR

J. W. Leonhardt

(Zentralinstitut für Isotopen- und Strahlenforschung der Akademie der Wissenschaften der DDR)[1])

Anläßlich des 15jährigen Bestehens des Zentralinstituts für Isotopen- und Strahlenforschung wird dessen Beitrag zur Radionuklidtechnik in der Industrie der DDR analysiert. Eine Vielzahl von Grundlagenergebnissen auf den Gebieten der Radiometrie und Radionuklidtracertechnik werden resümiert. Fortschritte auf relevanten Applikationsfeldern wie chemische Verfahrenstechnik, Energetik und Mikroelektronik werden besprochen.

On the accasion of its 15th anniversary the CIIR's contribution in the field of isotope techniques in industry is reviewed. Results of basic research in radiation application and tracer techniques are presented. Progress and trends of radionuclide technique in important application fields like chemical engineering, energetics and microelectronics are analysed.

Keywords

ashes; activation analysis; coal; control; gamma radiation; German Democratic Republic; radiation detectors; radioisotopes; radiometric gages; scattering; tracer techniques; X radiation

Jubiläen erfordern Bilanz. 15 Jahre Zentralinstitut für Isotopen- und Strahlenforschung (ZfI) sind auch 15 wichtige Jahre in der Anwendung von Radionukliden und ionisierender Strahlung in der Industrie der DDR. Eine Standortbestimmung im internationalen Vergleich ist in der Pauschale nur schwer möglich. Hinweise kann uns eine solche Größe wie die Zahl der pro 1000 Industriebeschäftigten eingesetzten radiometrischen Geräte geben. 1982 betrug sie 8 in unserem Land. Dieser Wert ist international beachtlich, er ist vergleichbar mit dem Japans.

Aus unserer Sicht vollzieht sich der methodische Fortschritt des Gebietes innerhalb von 4 Schwerpunkten [1]: Radiometrie, Strahlentechnik, Tracertechnik und Isotopenverhältnisse. Für die beiden ersteren legte *R. Hadden* [2] auf der 16. Japanischen Konferenz über die Radioisotopen- und Strahlungsanwendung 1983 in Tokio unter Nutzung des Atomindex 1983 bemerkenswertes analytisches Material vor (Tab. 1). Diese Übersicht weist die Radiometrie und Strahlentechnik unseres Landes hinter den USA, Japan, der UdSSR und Großbritannien auf Platz 5 aus, gemessen an den 17 Publikationen zur methodischen Gliederung. Diese Angabe korrespondiert mit der oben getroffenen Wertung. Leider enthält das Schrifttum wenig relevante Angaben zur Anwendung der Radiotracertechnik in der Industrie. In Abb. 1 ist die Zahl der Radiotracerexperimente des ZfI in Industriebetrieben pro

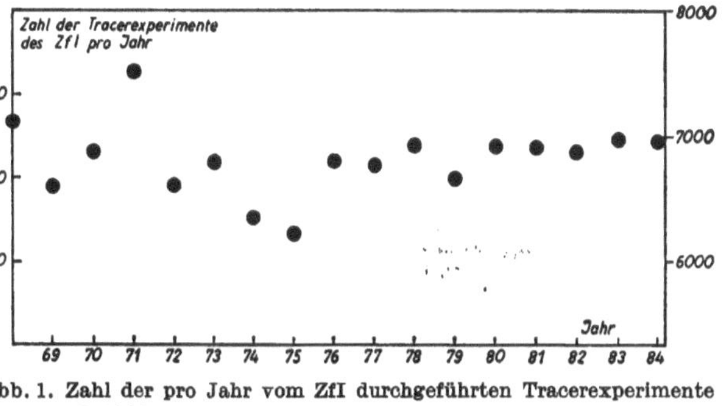

Abb. 1. Zahl der pro Jahr vom ZfI durchgeführten Tracerexperimente ab 1969

[1]) Anschrift: 7050 Leipzig, Permoserstraße 15

Jahr für den in Rede stehenden Zeitraum aufgetragen. Seit 1976 regelt sich der Wert auf die Zahl 25 ein. Dieser Wert entspricht den Beladungskampagnen des Rossendorfer Forschungsreaktors. Sie reflektiert auch die größere Komplexität der Experimente an Industrieanlagen [3].

Radiometrie

Methodischer Fortschritt in der Radiometrie ist gleichbedeutend mit einer Hinwendung zu Lösungen, die höhere Informationsgehalte für die industrielle Prozeßüberwachung und -kontrolle bereitzustellen in der Lage sind. Dies sind die elementspezifischen Verfahren der radionuklidangeregten RFA, der INAA einschließlich prompter und verzögerter Gammastrahlung, aber auch die für gasanalytische Verfahren auf Radionuklidbasis entwickelten elementspezifischen Detektoren, wie ECD, EID und AIG.

Im ZfI entstand, ausgehend von Grundlagenarbeiten zur Gaslumineszenz von *G. Brunner* und *P. Morgenstern* [4], ein Röntgendetektor, dessen Vorteil in der Energieauflösung vor allem im Bereich ultraweicher Röntgenstrahlung liegt [5]. *D. Müller*, *P. Morgenstern* und *W. Riedel* [6, 9] entwickelten darauf aufbauend einen Röntgenanalysator für leichte Elemente, der es gestattet, noch die K_{α}-Strahlung solcher Elemente wie des Kohlenstoffs, des Sauerstoffs und des Stickstoffs zu messen. Die Bedeutung für die Analyse biologischer Proben, aber auch fossilen Brennstoffmaterials ist offensichtlich [7, 8]. Hohe Impulsbelastbarkeit und Betriebsstabilität, vor allem der mögliche Verzicht auf Kühlung, favorisieren RFA-Analysatoren mit diesem Detektortyp auch für härtere Röntgenstrahlung, obgleich hier die Vorteile in der Energieauflösung im Vergleich mit dem Halbleiterdetektor natürlich entfallen.

Zur Anwendung von Pu/Be-Neutronenquellen für die kontinuierliche Elementgehaltanalyse in der chemischen Verfahrenstechnik legte *E. Maul* [45] interessante Ergebnisse vor.

Tab. 1. Neue Anwendungen der Radiometrie/Strahlentechnik in der Industrie nach *R. Hadden* [2]

	Austria	Australia	Belgium	Bulgaria	Canada	Czechoslovakia	Denmark	France	FDR	Finland	GDR	Hungary	Holland	Israel	Japan	Poland	South Africa	Turkey	UK	USA	USSR	total
electron capture											1											1
Mössbauer									1						1							2
X-ray fluorescence		1	1						2		2				2	2			4	1	2	17
NAA prompt		1				1									2		1		4	2	2	11
delayed		1									1			3			1			1	1	8
INAA			1		1			1				1				2		1	1	11	5	24
β backscatter	1	1		1						1											1	5
β transmission								1							2				2		1	6
γ transmission		2			1	7	1		1		5				1				2	1	3	24
γ backscatter		1														2			2	1		4
XRF backscatter															1							1
γ selective absorption																						
γ scattering		1				1					2								1	2	1	10
γ switching																						
neutron thermalisation										1	2				1							3
neutron transmission				1							1											3
neutron multiplication																						
neutron scattering		1																		2		3
β radiography																						
γ radiography		1						1							4		1		1		3	11
neutron radiography																					1	1
static elimination																						
ionisation smoke detection																						
radiation processing		1				3		1	1		2			1	12	1	1			5	3	31
heat																				5		5
light												2								1		3
natural radioactivity					2												1			2	1	6
thin layer activation		2							2		1		1						1			7
totals:	1	13	2	2	4	12	1	4	7	2	17	3	1	4	24	7	5	1	18	34	24	186

Können Prozeßmaterialien als 2-Komponentengemische aufgefaßt werden, die sich in ihren effektiven Ordnungszahlen deutlich unterscheiden, ermöglichen Transmission und Streuung von Quantenstrahlung elementspezifische Informationen. Beispiele sind die Schwefelbestimmung im Erdöl, aber auch die Aschegehaltsbestimmung in Braunkohle. Hierzu publizierten *M. Frenzel, D. Fritsche, G. Körner, H.-W. Thümmel, D. Wagner* [72, 8, 10–14] grundsätzliche Erkenntnisse zur Gestaltung industriefester, radiometrischer Systeme. Wie notwendig Applikationen dieser Art sind, wird in [15] deutlich gemacht. Vorteilhaft wirkte sich die Verfügbarkeit von Mikrorechnern aus, die neben schneller Datenverarbeitung die Berücksichtigung nichtlinearer Detektorcharakteristika und Kalibrierkurven möglich machten [16]. Die Simulierung radiometrischer Meßsignale durch *M. Braune* [73, 74] in Abhängigkeit vom Meßgut und dessen Darbietung mittels Großrechner erwies sich als effektives Mittel der Problemanalyse.

Lange Tradition im ZfI haben angewandte und Grundlagenarbeiten zu physikalischen und chemischen Effekten der Wechselwirkung zwischen Kernstrahlung und Gassystemen. Wichtige Grundlagenergebnisse zur Ionisation, Rekombination, Elektronenanlagerung sowie zur Energiedegradation von Kernstrahlung in Gasgemischen werden in den Arbeiten [17–29] besprochen. Die Entwicklung mehrerer Generationen von Aerosolgasanalysatoren durch *H.-J. Große* und *R. Döring* [22, 46] sowie modifizierter Gaschromatographiedetektoren durch *P. Popp* [23] bauen auf dieser Grundlage auf. Zusammenfassungen der Ergebnisse des Gesamtgebietes sind in Atomic Energy Review [29] publiziert.

Radionuklidtracertechnik

Die Radiotracertechnik im ZfI erhielt besonders durch das Wirken von *G. Hartmann, P. Hecht, H.-G. Könnecke, H. Kupsch, D. Luther, R. Otto* und *M. Richter* [31] wichtige Impulse. So konnten methodische Fortschritte in den Markierungstechniken durch *R. Otto* [33, 37–39] sowie für das kurzlebige Nuklid ^{18}F durch *H. Kupsch* und dessen Anwendung in der Galvanotechnik und in der Bauindustrie beachtete Ergebnisse vorgelegt werden [47]. Die von *W. Herrmann* und *H. Koch* begründete und durch *K. Freyer* weitergeführte Schule der Autoradiographie brachte für viele Industrieanwendungen neue Aspekte durch Anwendung der induzierten Radioaktivität, aber auch vermöge der konsequenten Anwendung moderner Mittel der Datenverarbeitung zur Bildauswertung [40, 41] durch *W. Birkholz, H.-Ch. Treutler* und *G. Kummer*.

Von hoher volkswirtschaftlicher Relevanz erwiesen sich Arbeiten des ZfI zur komplexen Anwendung der Radiotracertechniken für die Prozeßanalyse an Industrieanlagen, die zur Herausbildung der Radionuklidprozeßanalyse führten [3]. Prozeßanalysen, deren Effekt anschließend am Beispiel der Caprolactamproduktion demonstriert wird, sind für Standardtechnologien verallgemeinerbar. Neben der genannten wurden solche im Bauwesen, in der Wasserwirtschaft [36], der Aufbereitungsindustrie sowie in der Energiewirtschaft [37] durchgeführt. Die allgemein möglichen Aussagen lassen sich wie folgt formulieren:

(1) Beschreibung der Optimalität von Technologien und Anlagen sowie einzelner Abschnitte
(2) Charakteristika des technischen Zustandes der Anlagen
(3) Ableitungen der Projektunterlagen für regeltechnische Lösungen
(4) Beiträge zur Reduzierung von Energie- und Materialaufwand

Es muß nicht besonders betont werden, daß die Anwendung von Großrechnern zur Auswertung komplizierter Verweilzeitspektren mit großen Meßdatenzahlen der modernen Radionuklidtechnik immanent ist. Hier erwarb sich *J. Schön* [32] Verdienste bei der Erarbeitung handhabbarer Software.

Ohne Zweifel erhält die Fortentwicklung der Radionuklidtechnik gewichtige Impulse aus den wichtigsten Applikationsfeldern in der Industrie selbst.

Chemische Verfahrenstechnik

Traditionsgemäß wirkt das ZfI seit langem mit der chemischen Industrie zusammen, nicht zuletzt infolge des verdienstvollen Wirkens von *G. Hoffmann* im Isotopenlabor des CK Bitterfeld [60–66].

Die Untersuchung der Caprolactamanlage im VEB Leuna-Werke [77] „Walter Ulbricht" gilt als ein klassisches Beispiel für die Radionuklidprozeßanalyse, deren Schema Abb. 2 zeigt. So konnte die Effektivität der Cumenoxydation mittels Analyse der Verweilzeiten des markierten ^{82}Br-1-Bromnaphtalin für jeden Boden des Oxydators bestimmt werden. Konstruktive Veränderungen der Oxydatorböden führten zu einer Ausbeutesteigerung von 1862 t/a. Die Messung der Mitreißeffekte in der Phenolteerspaltung und der Phenolhydrierung führte zu wesentlichen Durchsatzerhöhungen in den Anlagen, zur Senkung des Material- und Energieverbrauchs und zur Sicherung der Qualität des Zwischenproduktes Phenol. Phenolteer und Phenol wurden mit ^{24}NaCl markiert. Auftretendes Flüssigprodukt kann nur dann Aktivität enthalten, wenn Einsatzprodukt bei Destillationsprozessen in Tröpfchenform mitgerissen wird. Verweilzeitmessungen in der Extraktionsstufe führten zu einer Teiloptimierung der Anlage. In der Verfahrensstufe Caprolactamdestillation brachten Verweilzeitmessungen am Sumpfprodukt eine erhebliche Verbesserung der Qualität des Endproduktes Caprolactam. Die Markierung des Sumpfproduktes erfolgte mit ^{99m}Tc, das aus einem Radionuklidgenerator als Pertechnetat eluiert wurde. Der Gesamtnutzen der Radionuklidprozeßanalyse in der Caprolactamproduktionsanlage betrug 1,221 Mio M pro Jahr. Das Aufwand-Nutzen-Verhältnis lag bei 1:12. In der Verfahrensstufe Cumenoxydation, den Untersuchungen mit dem höchsten ökonomischen Nutzen von 0,645 Mio M, wurde sogar ein Verhältnis von 1:31 erzielt.

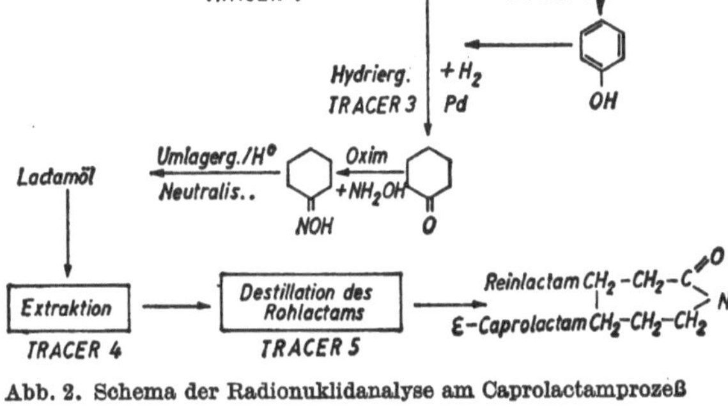

Abb. 2. Schema der Radionuklidanalyse am Caprolactamprozeß

Energiewirtschaft

Die Erfordernisse der modernen Energetik stellten vorrangig im Verlaufe der letzten 10 Jahre hohe Ansprüche an die Entwicklung der Radionuklidverfahren. Diese werden einmal durch die Anlagendimensionen geprägt, andererseits durch die teilweise extremen Arbeits- bzw. Experimentierbedingungen bei hohen Temperaturen, Drükken und oft extremer Unzugänglichkeit von Anlagenkomponenten. Am Beispiel eines Wärmetauschers eines 210 MW-Blockes in einem Braunkohlenkraftwerk konnten *C. Eifrig, G. Hartmann* und *P. Kulicke* die Eignung von Radionuklidverfahren zur Überwachung des Erosionsfortschrittes zeigen. Wie in Abb. 3 schematisch gezeigt, bewirkt das im Rohr (1) strömende Heißwasser Verschleiß an der Rohrinnenwand. Diese wird im gekrümmten Rohrstück mittels Deuteronen aktiviert, die γ-Strahlung des ^{57}Co durchdringt die 10 cm dicke Außenwand. Der Radioaktivitätsabfall dient als Maß der Erosionszunahme.

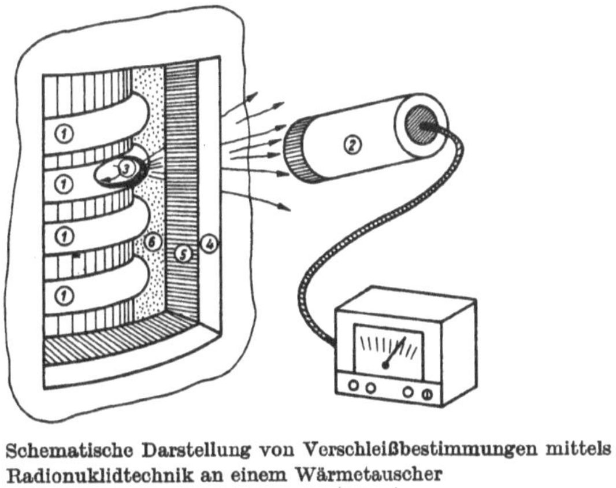

Abb. 3. Schematische Darstellung von Verschleißbestimmungen mittels Radionuklidtechnik an einem Wärmetauscher

1 – Heißwasserrohre; 2 – Detektor; 3 – Markierungszone; 4 – Isolierung; 5 – Stahlmantel; 6 – Dampf

Mit diesem eleganten Meßverfahren der technischen Diagnostik kann die tägliche Abtragsrate gemessen und somit der voraussichtliche Termin der Generalreparatur bestimmt werden. Darüber hinaus ermöglicht es festzustellen, welche Verfahrensparameter im Kraftwerk besonders hohen oder niedrigen Verschleiß bewirken.

In [48] ist die prinzipielle Eignung der Tracertechnik zur Optimierung von Anlagenkomponenten des Kraftwerkes beschrieben. ^{140}La-markierte Braunkohle wird eingesetzt, um Verweilzeitspektren der Kohle in der Mühle, der Kohlestromeinblasvorrichtung und im Kessel selbst zu messen. Die Eignung des Verfahrens wird besonders in Abb. 4 klar, aus der die zunächst inhomogene Verteilung des Kohlestaubes über verschiedene Einblaskanäle an einem 500-MW-Blockkessel gut sichtbar gemacht werden konnte, die Ursache für eine Wirkungsgradverringerung war. Die Anwendung der Radionuklidprozeßanalyse zur Optimierung von Brikettierungsanlagen [37] konnte ebenso gezeigt werden wie die Eignung von Markierungsverfahren zur Eichung von Meßverfahren des Durchsatzes von Kohlestäuben [91]. Bedeutsame Effekte werden vor allem durch den Einsatz radiometrischer Aschemeßverfahren für Rohbraunkohle auf Bändern erwartet. Ein ZfI-Prototyp, der die 60-keV-γ-Strahlung des ^{241}Am zur Bildung eines z-proportionalen Signals und die 660-keV-γ-Strahlung des ^{137}Cs für die Korrektur der Dickenschwankungen nutzt, ist schematisch in Abb. 5 gezeigt. Das Hauptproblem solcher Meßtechniken liegt vor allem in der sicheren Meßsignalbildung bei schwankenden Aschegehalten von 3–40% sowie schwankender Zusammensetzung der Matrix der aschebildenden mineralischen Substanzen.

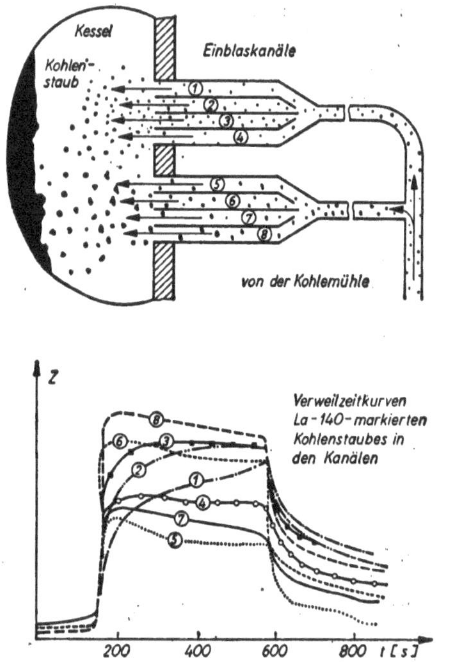

Abb. 4. Schema einer Kohlestaubeinblasvorrichtung und Verweilzeitkurven ^{140}La-markierter Kohle in deren Kanälen

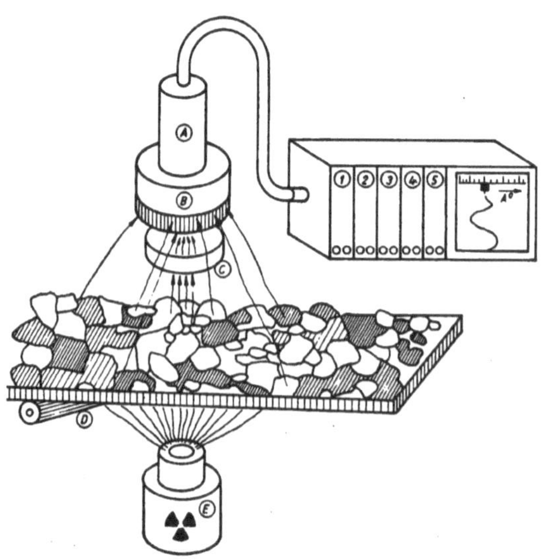

Abb. 5. Schema einer 2-Strahlanordnung zur radiometrischen Bestimmung des Aschegehaltes in Rohbraunkohle auf Transportbändern

Mikroelektronik

Die Entwicklung einer Spitzentechnologie wie die Mikroelektronik ist für die Radionuklidtechnik jedes Landes eine große Herausforderung. Sie nutzt vor allem die hohe Empfindlichkeit nuklearer Analysenverfahren zur Bestimmung von Dotandenkonzentrationen oder von Verunreinigungen. So bietet die Ionisationsanalyse gute Voraussetzungen für die sichere analytische Erfassung von Arsin, Phosphin und Diboran. Nachweisgrenzen für ausgewählte Substanzen sind für den AIG in Tab. 2 zusammengestellt. Edelgasdetektoren mit He als Trägergas

Tab. 2. Nachweisgrenzen für ausgewählte Schadstoffe mittels eines AIG

Applikationsfeld	Substanz	Nachweisgrenze in ppb
Energetik	SO_2	5
	NO_x	5
	HCl	1
Mikroelektronik	PH_3	1
	AsH_3	5
	B_2H_6	5
	SiH_4	200
chemische Verfahrenstechnik	CCl_4	30
	C_2Cl_4	30
Metallurgie	$Ni(CO)_4$	1
Landwirtschaft	NH_3, Amine	5
Gesundheitswesen	C_2HF_3ClBr	30

ermöglichen die Analyse der H_2-, O_2-, N_2-, NO_2-, CO_2-Spurengehalte in Schutz- und Ätzgasen. Wie Veröffentlichungen von *K. Freyer* u. a. zeigen [42–44], bieten autoradiographische Verfahren die Möglichkeit der Darstellung flächenhafter Elementverteilungen, in Kombination mit der Schrägschlifftechnik auch die der Darstellung von Tiefenprofilen. Damit kann die Darstellung von Dotierungsprofilen routinemäßig durchgeführt werden. Es lag nahe, die Vorteile der Radiotracertechnik zur Geltung zu bringen, um damit potentielle Störquellen in der Fertigung auszuschließen [75]. Ergebnisse solcher Untersuchungen publizierte *J. Flachowsky* [76].

Die Anwendung gepulster Elektronenstrahlen zur zerstörungsfreien Bestimmung elektrischer Kenndaten in

Dioden werden von *J. Leonhardt*, *R. Göldner*, *J. Bös* und *R. Mehnert* [50] untersucht.

Die angewandten Arbeiten des ZfI auf dem Gebiet der Radionuklidtechnik betreffen neben den genannten nahezu alle anderen Industriezweige der DDR. Verallgemeinerbare Ergebnisse wurden z. B. auch bei der Mischgradbestimmung in Festkörpermischungen [51], der Bestimmung der freien Elektrodenlänge in Lichtbogen-Reduktionsöfen [52] sowie der Mischzonenlängen in Pipelines [57] erzielt. In [58] werden von *R. Otto* und *P. Hecht* die potentiellen Möglichkeiten der Indikatoranalyse mit radioaktiven Tracern in der Verfahrenstechnik behandelt. Es gehört zu den Vorzügen der Isotopenanwendung, daß sie relevante Aussagen zur Eignung von Abfallprodukten für technologische Lösungen zuläßt [58]. Arbeiten von *H. Baumbach* [68, 69] zeigen neue Ansätze für Diagnostikverfahren in der Bauindustrie. Eine Vielzahl aktueller Probleme der Metallurgie werden von *J. Holzhey* [37] und seinen Mitarbeitern im Isotopenlabor des Industriezweiges (VEB Mansfeld-Kombinat „Wilhelm Pieck") in Freiberg weitgehend selbständig gelöst.

Die Radionuklidtechnik speziell zur Aufklärung von Prozeßabläufen erhält eine neue Dimension, wenn sie mit der Messung von Isotopenverhältnissen wichtiger Elemente der Prozeßmedien kombiniert werden kann. In diesem Zusammenhang sind Arbeiten von *G. Meier* und *G. Müller* [78–80] zu würdigen, die die Grundlagen zur optischen Isotopenhäufigkeitsanalyse wichtiger stabiler Isotope schufen.

Von eminenter Bedeutung für die künftige Entwicklung der Radionuklidtechnik und die Vorlage neuer, origineller Lösungen ist die enge Bindung an Arbeiten auf den Gebieten der Kernphysik und Kernchemie. Dazu zählen Beiträge von *H. Kupsch* und *H. Koch* [67, 71] zur Chemie des Tc ebenso wie die von *H. Bruchertseifer* im VIK Dubna erzielten Ergebnisse zur radiochemischen Trennung radioaktiver Nuklide [81–86]. *N. Gorski* [87–90] stellte sich vorrangig theoretischen Problemen der Polarisierbarkeit in Lösungen und legte interessante Berechnungen zur Oberflächenspannung der Kerne vor.

Diese Auswahl von Ergebnissen der Radionuklidtechnik des ZfI zeigt die Vielfalt der Potenzen unseres Fachgebietes. Viele davon sind nur denkbar dank der vorzüglichen Zusammenarbeit mit den Isotopenlabors in Industrie und Forschung sowie an der Technischen Universität Dresden und der Technischen Hochschule Leipzig. Allen unseren Kooperationspartnern sei anläßlich des 15. Institutsgeburtstages gedankt. Wir hoffen auf weitere gemeinsame, gute 15 Jahre.

Eingegangen am 1. 3. 1984

Literatur

[1] *J. W. Leonhardt*, ZfI-Mitteilungen 39 (1981) 5

[2] *R. Hadden*, 16. Japanese Conference on Radioisotope and Radiation Application, Tokyo Dec. 1983, to be published

[3] *J. W. Leonhardt*, *R. Otto*, Isotopenpraxis 19 (1982) 4

[4] *G. Brunner*, *P. Morgenstern*, Z. Naturforsch. 33a (1978) 347

[5] *P. Morgenstern*, Isotopenpraxis 14 (1978) 157

[6] *D. Müller*, *P. Morgenstern*, *W. Riedel*, ZfI-Mitteilungen 70 (1983) 308

[7] *J. W. Leonhardt*, *E. Dahn* et al., IAEA-SM-227/72 (1978)

[8] *J. Leonhardt*, *M. Braune*, *D. Wagner*, *G. Körner*, *E. Langrock*, *D. Fritsche*, Dokladi meshdunarodnoj Konferenzii po Primeneniju Metodov Jadernoj Fisiki, Dubna 1981

[9] *D. Müller*, *P. Morgenstern*, *W. Riedel*, *W. Wawariza*, *B. E. Koleshnikow*, *N. A. Anders*, *W. J. Filatow*, ZfI-Mitteilungen 70 (1983) 335

[10] *H.-W. Thümmel*, *G. Körner*, *D. Fritsche*, ZfI-Mitteilungen 71 (1983) 144

[11] *H.-W. Thümmel*, ZfI-Mitteilungen 70 (1983) 47

[12] *H.-K. Bothe*, *H.-W. Thümmel*, *M. Frenzel*, *D. Wagner*, Freib, Forsch.-H. C 377 (1982)

[13] *H.-W. Thümmel*, ZfI-Mitteilungen 3 (1975) 31

[14] *D. Fritsche*, *W. Dolak*, ZfI-Mitteilungen 71 (1983) 150

[15] *J. W. Leonhardt*, *H.-K. Bothe*, *E. Langrock*, *E. Maul*, *P. Morgenstern*, *D. Müller*, *H.-W. Thümmel*, J. Radioanal. Chem. 71 (1982) 181

[16] *W. Riedel*, *D. Müller*, *P. Morgenstern*, Isotopenpraxis 17 (1981) 62

[17] *D. Hinneburg*, *H.-J. Große*, *J. Leonhardt*, *P. Popp*, ZfI-Mitteilungen 71 (1983) 18

[18] *J. Leonhardt* et al., ZfI-Mitteilungen 43b (1981) 419

[19] *P. Popp* et al., J. Chrom., to be published

[20] *J. W. Leonhardt*, Rad. Phys. Chem., in Vorbereitung

[21] *P. Popp*, *J. Leonhardt*, ZfI-Mitteilungen 71 (1983) 9

[22] *H.-J. Große*, Acta Imeko III (1973) B-609

[23] *P. Popp*, *G. Oppermann*, Chem. Technik 28 (1976) 95

[24] *P. Popp*, *H.-J. Große*, *G. Oppermann*, J. Chrom. 147 (1978) 47

[25] *P. Popp*, *J. Leonhardt*, *G. Oppermann*, J. Chrom. 147 (1978) 127

[26] *J. Leonhardt*, *P. Popp*, *H.-W. Schmidt*, ZfI-Mitteilungen 14 (1978) 115

[27] *P. Popp*, AdW der DDR, Dissertation B Leipzig 1983

[28] *H.-J. Große*, AdW der DDR, Dissertation B Leipzig 1983

[29] *J. W. Leonhardt*, *H.-J. Große*, *P. Popp*, *H.-W. Thümmel*, Atomic Energy Review 16 (1978) 247

[30] *R. Otto*, *P. Hecht*, ZfI-Mitteilungen 69 (1983) 42

[31] *M. Richter*, ZfI-Mitteilungen 69 (1983) 55

[32] *J. Schön*, ZfI-Mitteilungen 69 (1983) 71

[33] *R. Otto*, *H.-G. Könnecke*, *P. Hecht*, *H. Ulrich*, ZfI-Mitteilungen 39 (1981) 55

[34] *J. W. Leonhardt*, *H.-G. Könnecke*, *R. Otto*, *P. Hecht*, *H. Ulrich*, IAEA-CN/278, Grenoble 1981

[35] *H.-G. Könnecke*, *P. Kulicke*, *E. Antal*, *J. Jentsch*, *H. Michael*, ZfI-Mitteilungen 69 (1983) 151

[36] *H.-G. Könnecke*, *D. Luther*, ZfI-Mitteilungen 71 (1983) 79

[37] *J. Holzhey*, Isotopenpraxis 15 (1979) 145; ZfI-Mitt. 39 (1981) 109

[38] *R. Otto*, *P. Hecht*, Isotopenpraxis 16 (1980) 224

[39] *J. W. Leonhardt*, *R. Otto*, *P. Hecht*, *H. Ulrich*, Isotopenpraxis 17 (1981) 31

[40] *W. Birkholz*, *M. Steinert*, ZfI-Mitteilungen 71 (1983) 265

[41] *G. Kummer*, ZfI-Mitteilungen 71 (1983) 353

[42] *K.-P. Rudolph*, *J. Flachowsky*, *A. Lange*, ZfI-Mitteilungen 70 (1983) 255

[43] *W. Birkholz*, *H.-C. Treutler*, *K. Freyer*, *M. Geisler*, *J. Dubnak*, ZfI-Mitteilungen 71 (1983) 296

[44] *H.-C. Treutler*, *K. Freyer*, ZfI-Mitteilungen 71 (1983) 308

[45] *E. Maul*, AdW der DDR, Dissertation A, Leipzig 1980

[46] *H.-R. Döring*, *H.-J. Große*, ZfI-Mitteilungen 69 (1983) 345

[47] *H. Kupsch* et al., ZfI-Mitteilungen 72 (1983) 37

[48] *G. Hartmann*, *P. Kulicke*, *J. Leonhardt*, *R. Otto*, *H. Ulrich*, *H. Reisner*, Energietechnik 33 (1983) 295

[49] *J. Leonhardt*, *P. Popp*, *R. Göldner*, *H.-J. Große*, Int. J. Appl. Rad Isot. 32 (1981) 79

[50] *J. Leonhardt*, *R. Göldner*, *J. Bös*, *R. Mehnert*, J. Rad. Phys. Chem., in Vorbereitung

[51] *R. Otto*, *P. Hecht*, Silikattechnik 26 (1975) 147

[52] *H.-G. Könnecke*, *R. Otto*, *P. Hecht*, Chem. Ing. Techn. 55 (1983) 877

[53] *R. Otto*, *P. Hecht*, *H. Ulrich*, *H. Häntzschel*, Isotopenpraxis 14 (1978) 120

[54] *R. Otto*, Isotopenpraxis 9 (1973) 163

[55] *R. Otto*, Isotopenpraxis 11 (1975) 220

[56] *R. Otto*, Isotopenpraxis 12 (1976) 22

[57] *P. Hecht*, *R. Otto*, *G. Kühn*, Isotopenpraxis 17 (1981) 35

[58] *R. Otto*, *P. Hecht*, Isotopenpraxis 16 (1980) 224

[59] *R. Otto*, *P. Hecht*, Isotopenpraxis 9 (1973) 101

[60] *D. Luther*, *F. Rossberg*, *H. Koch*, Isotopenpraxis 6 (1970) 250

[61] *F. Rossberg*, *D. Luther*, Acta Biol. med. germ. 26 (1971) 331

[62] *H.-C. Abendroth*, *D. Luther*, *M. Rösseler*, Isotopenpraxis 12 (1976) 27

[63] *D. Luther*, *H.-C. Abendroth*, *H. Koch*, *K. Dittrich*, *F. Fratscher*, Isotopenpraxis 15 (1979) 245

[64] *D. Luther*, *H.-C. Abendroth*, Z. Chem. 20 (1980) 260

[65] *D. Luther*, *H.-C. Abend(oth*, Z. Chem. 21 (1981) 289

[66] *D. Luther*, *H.-C. Abendroth*, *H. Koch*, *W. Steinke*, *W. Kochmann*, Isotopenpraxis 17 (1981) 46

[67] *H. Kupsch*, *M. Jovtschev*, Isotopenpraxis 15 (1979) 1

[68] *H. Baumbach*, ZfI-Mitteilungen 69 (1983) 204
[69] *H. Baumbach, K. Fichtler, R. Melzer, D. Dietze, H. Ulrich*, ZfI-Mitteilungen 69 (1983) 229
[70] *K.-P. Dostal, H. Kupsch*, Isotopenpraxis 16 (1980) 65
[71] *H. Kupsch, H. Koch*, Isotopenpraxis 17 (1981) 2
[72] *M. Frenzel*, Preprints der Vorträge der 3. Tagung Nukleare Analysenverfahren, 11. 4. – 15. 4. 1983 in Dresden, S. 46
[73] *M. Braune*, ZfI-Preprints 18 (1982) 46
[74] *M. Braune*, ZfI-Preprints 19 (1982)
[75] *H. Koch*, Isotopenpraxis 20 (1984) 41
[76] *J. Flachowsky*, Preprints der Vorträge der 3. Tagung Nukleare Analysenverfahren, 11. 4. – 15. 4. 1983 in Dresden S. 37
[77] *R. Otto, P. Hecht, H. Koch, H.-G. Könnecke, W. Naumann*, ZfI-Mitteilungen 58 (1982) 14
[78] *G. Müller, G. Meier*, Spectrochim. Acta 24C (1969) 45
[79] *G. Meier, K. Mauersberger*, Isotopenpraxis 18 (1982) 164
[80] *G. Meier*, Feingerätetechnik 24 (1975) 10
[81] *H. Bruchertseifer* u. a., JINR P7-9377 (1975)
[82] *H. Bruchertseifer* u. a., JINR P7-9995 (1976)
[83] *H. Bruchertseifer* u. a., JINR P7-12 054 (1978)
[84] *H. Bruchertseifer* u. a., J. Radioanal. Chem. 77 (1983) 97
[85] *H. Bruchertseifer* u. a., Isotopenpraxis 17 (1981) 405
[86] *H. Bruchertseifer* u. a., JINR 18-82-245 (1982)
[87] *N. Gorski*, Z. phys. Chem. 264 (1983) 640
[88] *N. Gorski*, Isotopenpraxis 19 (1983) 196
[89] *N. Gorski*, ZfI-Mitteilungen 52 (1982) 49
[90] *N. Gorski*, JINR P 17-80-14 (1980)
[91] *H.-H. Deicke, J. Flachowsky, K.-P. Rudolph, N. Beiermann*, ZfI-Mitteilungen 69 (1983) 79

Isotopenpraxis 20 (1984) 10, S. 378 bis 381

Originalarbeiten

Radiotracermethode zur Bestimmung der Verteilung schwefelhaltiger Dispergiermittel in Emulsionspolymerisaten

R. Otto

(Zentralinstitut für Isotopen- und Strahlenforschung der AdW der DDR, Leipzig)[1])

Bei der Emulsionspolymerisation wird ein Teil des Dispergiermittels an der dispersen Phase adsorbiert, ein anderer verbleibt im Dispersionsmedium, und geringe Mengen werden chemisch in das Polymere eingebaut. Zur quantitativen Bestimmung dieser Verteilung eines schwefelhaltigen Dispergiermittels wird eine Radiotracermethode beschrieben. Die Markierung des Dispergiermittels mit ^{35}S, die Durchführung der Emulsionspolymerisation mit dem markierten Dispergiermittel und die nachfolgenden Aufbereitungsoperationen zur Trennung der 3 Anteile sind Arbeitsstufen der Methode. Die spez. Zählraten der Anteile werden mit Hilfe einer Glockenzählrohr-Meßanordnung bestimmt. Der meßtechnische Aufwand ist gering. Die relativen Analysenfehler liegen in Abhängigkeit von der Größe der Anteile zwischen 3 und 20%.

In polymer dispersions the dispersing agent is distributed between the dispersion medium and the disperse phase, and during an emulsion polymerization smaller amounts of the dispersing agent are chemically linked to the polymer. In the following paper a radiotracer method for the quantitative determination of this distribution of sulphur-containing dispersing agents will be presented. The labelling of the dispersing agent with ^{35}S, the accomplishing of the emulsion polymerization with the labelled emulsifier, the separation of the solved, adsorbed and chemically bounded part of the emulsifier are steps of the analysis. The specific counting rates of the separated portions are measured by an endwindow counter device. In all respects the method yields very practicable results; the relative error in analysis varies between 3 and 20% depending on the indicated value.

Keywords

distribution; emulsifiers; organic sulfur compounds; polymerization; sulfur 35; tracer techniques

1. Einleitung

Synthetische Hochpolymerdispersionen sind Kolloiddispersionen hochpolymerer Stoffe in einem meist wäßrigen Medium [1, 2]. Man bezeichnet sie auch als Latices. Sie sind in steigendem Maße wichtige Rohstoffe oder Hilfsmittel u. a. in der Papier-, Textil- und Anstrichmittelindustrie. Die Herstellung synthetischer Polymerdispersionen erfolgt in technischem Maßstab überwiegend nach Verfahren der Emulsionspolymerisation. Eine ungesättigte monomere Verbindung, ein Vinyl- oder Butadienderivat wird mit einem Dispergiermittel, d. h. einer grenzflächenaktiven Substanz, und anderen Hilfsstoffen in Wasser emulgiert und die Polymerisationsreaktion durch Initiatoren wie anorganische oder organische Peroxide gestartet. Die entstehenden Polymerteilchen werden durch grenzflächenaktive Stoffe oder Schutzkolloide, die an der Oberfläche adsorbiert oder gebunden sind, durch Solvathüllen und durch die zwischen den Teilchen, dem Dispersionsmittel und den gelösten Ionen herrschenden Kräfte vor dem Ausscheiden aus der Dispersion geschützt. Bei der Emulsionspolymerisation verbleibt ein Teil des Dispergiermittels im Dispersionsmedium, ein anderer wird an die disperse Phase angelagert, und es ist des weiteren seit langem bekannt, daß auch geringe Mengen an Dispergiermittel in das Polymere chemisch eingebaut werden. Diese Verteilung des Dispergiermittels ist von Bedeutung für die Aufklärung des Mechanismus der Emulsionspolymerisation, für die Optimierung des technischen Polymerisationsprozesses und für die Gebrauchseigenschaften der

[1]) Anschrift: 7050 Leipzig, Permoserstr. 15

Dispersion. Zur quantitativen Ermittlung der genannten Verteilung des Dispergiermittels ist die Radioindikatoranalyse besonders geeignet [3, 4], da Radionuklide und radioaktiv markierte Verbindungen ohne größeren meßtechnischen Aufwand und ohne Abtrennung von anderen inaktiven Substanzen mit hoher Empfindlichkeit qualitativ und quantitativ nachgewiesen werden können. Man führt die Untersuchung mit einem radioaktiv markierten Dispergiermittel durch und bestimmt dessen Verteilung nach Ausführung der Polymerisation und Aufbereitung der Dispersion durch Zählratenmessungen.

2. Beschreibung der Methode

Das Tracerexperiment wird nach dem in Abb. 1 dargestellten Schema durchgeführt. Die Markierung des Dispergiermittels, die Durchführung der Emulsionspolymerisation mit dem radioaktiv markierten Dispergiermittel, die Trenn- und Aufbereitungsoperationen sowie die entsprechenden Zählratenbestimmungen sind die Arbeitsstufen der Methode.

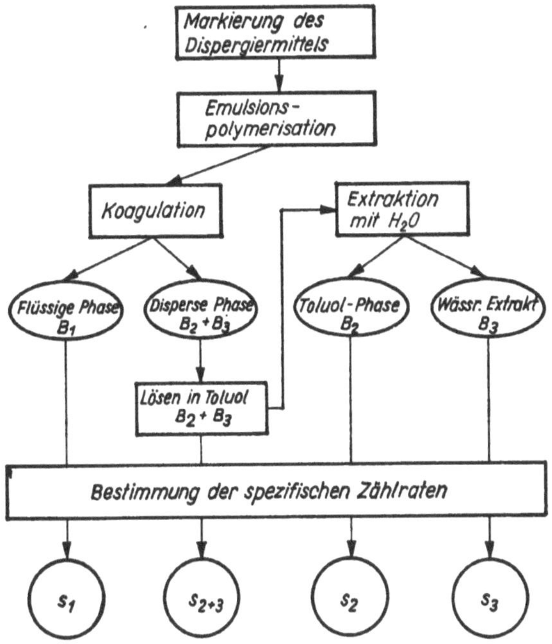

Abb. 1. Schematische Darstellung der Radiotracermethode zur Bestimmung der Verteilung von Emulgatoren in Hochpolymerdispersionen

2.1. *Markierung des Dispergiermittels*

Eine bedeutende Gruppe unter den Emulgatoren bilden die Sulfate und Sulfonate meist langkettiger organischer Verbindungen [5]. Für eine Markierung schwefelhaltiger Verbindungen [6] steht das unter bestimmten Voraussetzungen meßtechnisch gut erfaßbare Radionuklid ^{35}S zur Verfügung, das bei einer Halbwertszeit von 87,4 d β-Teilchen mit einer Maximalenergie von 167 keV emittiert. Schwefel-35 ist in Form von Schwefelsäure, Natriumsulfit, Chlorsulfonsäure oder elementarem Schwefel handelsüblich. Von diesen Verbindungen ausgehend ist dann eine Synthese organischer Sulfate und Sulfonate möglich.

Bekannte Emulgatoren des Sulfattyps leiten sich von den primären und sekundären Fettalkoholen, Fettsäuren, Fettsäureestern und -amiden, Polyglykoläthern usw. ab. Zu ihrer Herstellung in radioaktiv markierter Form eignen sich die bekannten Methoden [7]: Fettalkohole können mit Schwefelsäure oder Chlorsulfonsäure zu den entsprechenden Estern umgesetzt werden, Alkene reagieren ebenfalls mit Schwefelsäure und bilden Monoalkylsulfate. Ungesättigte Fettsäuren, Fettalkohole und Hydroxyfettsäuren geben mit Schwefelsäure saure Schwefelsäureester, die zusätzlich Sulfonsäuregruppen enthalten.

Emulgatoren vom Sulfonattyp sind z. B. Alkylsulfonate, Fettsäuresulfonate, sulfonierte Ester und Sulfoamidocarbonsäuren; zu ihrer Darstellung siehe [8]. Die im technischen Maßstab genutzte Methode der Sulfochlorierung, der Einwirkung von Chlor und Schwefeldioxid auf höhere Paraffine und die Methode der Sulfoxydation, der Oxydation von Paraffinen in Gegenwart von Schwefeldioxid sind zur Herstellung von entsprechenden radioaktiv markierten Alkylsulfonsäuren weniger geeignet. Hingegen kann die klassische Umsetzung von Alkylchloriden bzw. -bromiden mit Natriumsulfit und die Reaktion von n-Alkenen mit Natriumbisulfit in Gegenwart von Peroxiden oder Nitrat ohne größeren Aufwand zur Darstellung radioaktiv markierter Alkansulfonsäuren eingesetzt werden. Als Beispiel einer Synthese eines radioaktiv markierten Dispergiermittels wird im folgenden die Synthese eines Sulfobernsteinsäureesters-^{35}S durch Umsatz eines Maleinsäureesters mit $Na_2{}^{35}SO_3$ näher beschrieben.

2.2. *Synthese eines Sulfobernsteinsäureesters-^{35}S*

0,05 Mol eines oxäthylierten Fettalkohols und 0,05 Mol (4,9 g) Maleinsäureanhydrid werden bei 70 °C in der Schmelze 5 h gerührt. Danach wird auf 50 °C abgekühlt und eine Lösung von 6,3 g radioaktiv markiertem Na_2SO_3 (200 MBq) in 50 ml Wasser zugesetzt. Die vorher dünnflüssige Schmelze wird nach der Zugabe der Na_2SO_3-Lösung zwischenzeitlich dickflüssig. Nach einer Rührzeit von 30 min bei 50 °C werden 100 ml und nach weiteren 30 min noch 130 ml Wasser zugegeben. Die so hergestellte Emulgatorlösung kann unmittelbar zur Herstellung der gewünschten Dispersion verwendet werden.

2.3. *Analysengang*

Die Verteilungsbestimmung erfordert eine Trennung der Hochpolymerendispersion in disperse Phase und Serum. Eine Koagulation einer Dispersion wird u. a. durch Zentrifugieren, durch Erhitzen, durch Gefrieren, durch Elektrolytzusatz, durch Zusatz oberflächenaktiver, entgegengesetzt geladener Stoffe und durch Wasserentzug unter den für die Dispersion erforderlichen Wasserschwellwert bewirkt. Eine Koagulation durch Elektrolytzusatz und anschließendes Zentrifugieren ist sehr einfach. Die Dispersion wird bis zur beginnenden Ausflockung unter Rühren tropfenweise mit übersättigter Natriumcarbonatlösung versetzt. Nach zehnminütigem Zentrifugieren bei 6000 U/min wird die noch trübe wäßrige Phase vom Bodensatz getrennt. Zur vollständigen Abscheidung der dispersen Phase gibt man nun weitere Natriumcarbonatlösung bis 0,5 g/g Latex zu, zentrifugiert und erhält eine polymerfreie wäßrige Phase, die aus Serum und Elektrolytzusatz besteht. Anschließend wird die spezifische Zählrate dieser polymerfreien wäßrigen Phase — im vorliegenden Fall mit einer Glockenzählrohr-Meßanordnung — bestimmt. Man mißt bei Sättigungsschichtdicke. Die maximale Reichweite der β-Strahlen des ^{35}S beträgt $3{,}5 \cdot 10^{-2}$ g/cm². Im vorliegenden Fall wurden 2 ml der zu messenden Lösung in Meßschälchen von 25 mm Durchmesser pipettiert, das entspricht einer

Schichtdicke, die oberhalb der angegebenen Sättigungsschichtdicke liegt. Im weiteren Analysengang wird ein Teil der abgetrennten, getrockneten dispersen Phase in einer bestimmten Menge Toluol gelöst (5 g disperse Phase/20 g Toluol); der Lösungsvorgang dauert ca. 24 h. Der gesamte Dispergiermittelanteil in und auf der dispersen Phase ergibt sich aus der spez. Zählrate s_{2+3} dieser toluolischen Lösung. Die Berechnung des Anteils an Dispergiermittel, das im Serum verblieben ist, erfolgt nach Gleichung (1).

$$B_1 = \frac{(E_D \cdot A_{SE} + E_E)\, s_1}{(E_D \cdot A_{SE} + E_E)\, s_1 + \frac{E_D \cdot A_{DP}}{E_{DP}} (E_{DP} + E_T)\, s_{2+3}} \cdot 100\,,\% \qquad (1)$$

E_D: Einwaage an Dispersion, g
E_E: Masse der zugegebenen Elektrolytlösung, g
E_{DP}: Einwaage an dispergierter Phase, g
E_T: Einwage an Toluol, g
A_{SE}: Masseanteil des Serums in der Dispersion
A_{DP}: Masseanteil der dispergierten Phase in der Dispersion
s_1: spez. Zählrate der polymerfreien wäßrigen Phase, Imp./min · g
s_{2+3}: spez. Zählrate der Toluollösung Imp./min · g

Zur Ermittlung des an der dispergierten Phase gebundenen und nicht extrahierbaren sowie des nicht gebundenen und extrahierbaren Anteils an Dispergiermittel wird die bereits beschriebene toluolische Lösung mit Wasser extrahiert und die spez. Zählrate der extrahierten Toluollösung s_2 und die des wäßrigen Extraktes s_3 gemessen. Die vollständige Extrahierbarkeit des Dispergiermittels ist jeweils zu überprüfen.

Der in der dispergierten Phase gebundene und nicht extrahierbare Anteil B_2 wird nach Gl. (2) berechnet.

$$B_2 = (100 - B_1) \frac{s_2}{s_{2+3}}\,,\% \qquad (2)$$

s_2: spez. Zählrate der Toluollösung nach der Extraktion, Imp./min · g

Schließlich erhält man den nichtgebundenen und extrahierbaren Anteil B_3 aus der Gl. (3) bzw. Gl. (4)

$$B_3 = (100 - B_1) \frac{s_3}{s_2 + s_3}\,,\% \qquad (3)$$

$$B_3 = 100 - B_1 - B_2\,,\% \qquad (4)$$

s_3: spez. Zählrate des wäßrigen Extraktes, Imp./min · g

In Tab. 1 ist ein Analysenbeispiel zusammengestellt. Zur Fehlerabschätzung wurden 12 Versuchswiederholungen durchgeführt. Tab. 2 zeigt die Ergebnisse. Hieraus ergaben sich folgende Mittelwerte:

$B_1 = (78{,}8 \pm 2{,}3)\ \%$
$B_2 = (16{,}3 \pm 1{,}9)\ \%$
$B_3 = (5{,}0 \pm 1{,}0)\ \%$

Die relativen Fehler des Analysenergebnisses sind in Abhängigkeit von der Größe der Dispergiermittelanteile in Tab. 3 dargestellt.

Die Verteilung des Dispergiermittels wird nur von sehr hohen Elektrolytzusätzen $E_E > 0{,}5$ g/g Latex verfälscht, wie Tab. 4 beweist.

Tab. 1. Analysenbeispiel

A_{SE}	0,459
A_{DP}	0,541
E_D	40,07 g
E_E	20,03 g
E_{DP}	5,10 g
E_T	20,07 g
s_1	13336 Imp./min · g
s_{2+3}	1244 Imp./min · g
s_3	368 Imp./min · g
s_4	900 Imp./min · g
B_1	79,4%
B_2	14,9%
B_3	6,1%

Tab. 2. Meßwertreihe zur Ermittlung der Verteilung des Dispergiermittels

B_1, %	B_2, %	B_3, %
79,4	14,9	6,1
78,9	16,6	3,9
79,4	16,6	5,1
82,4	13,4	4,5
75,4	18,9	4,3
79,2	15,0	5,9
78,5	17,2	4,5
81,8	13,9	4,0
80,6	14,6	5,5
75,9	19,2	5,3
79,2	16,7	4,0
75,4	18,3	6,0

Tab. 3. Relativer Fehler des Analysenergebnisses

Emulgatoranteil %	Relativer Fehler %
5	20
15	10
50	5
80	3

Tab. 4. Einfluß des Elektrolytzusatzes auf das Analysenergebnis

Elektrolytzusatz g/g Latex	B_1 %
0,125	78,5
0,250	79,4
0,375	77,9
0,500	80,1
0,625	74,8

3. Zusammenfassung

Die beschriebene Tracermethode eignet sich zur Ermittlung der Emulgatorverteilung in Hochpolymerdispersionen. Es kann der im Polymer gebundene, der an Polymerteilchen adsorbierte sowie der im Serum verbleibende Anteil quantitativ bestimmt werden. Der meßtechnische Aufwand ist bei einer Markierung mit ^{35}S gering, wenn man die Zählratenmessungen an Proben mit Sättigungsschichtdicken durchführt. Die Nachweisempfindlichkeit ist mit einer Glockenzählrohr-Meßanordnung etwa eine Größenordnung geringer als mit einer Flüssigszintillationsmeßanordnung, sie reicht aber bei den bei Emulsionspolymerisationen üblichen Zusätzen von 2–6% Emulgator und den bei der Markierung erreichbaren spez. Aktivitäten aus. Die beschriebene Methode kann nicht nur für die Polymerisationen eingesetzt werden, bei denen schwefelhaltige Emulgatoren oder Schutzkolloide benutzt werden, sondern auch dann, wenn es gelingt, nur kohlenstoff-, wasserstoff- und sauerstoffenthaltende Emulgatoren mit Kohlenstoff-14 ($t_{1/2} = 5790$ a; Maximalenergie der β^-: 156 keV) oder Tritium ($t_{1/2} = 12{,}3$ a; Maximalenergie der β^-: 18,6 keV) zu markieren. Bei einer Markierung mit Tritium sind jedoch die in starkem Maße auftretenden Isotopenaustauschreaktionen und der wegen der sehr geringen β^--Maximalenergie erforderliche höhere meßtechnische Aufwand zu berücksichtigen. Phosphororganische Emulgatoren, z. B. Phosphate höherer Fettalkohole, werden mit Phosphor-32 ($t_{1/2} = 14{,}3$ d; Maximalenergie der β^-: 1,71 MeV) markiert.

Eingegangen am 24. 2. 1984

Literatur

[1] *F. Hölscher*, Dispersionen synthetischer Hochpolymere, Berlin–Heidelberg–New York: Springer-Verlag 1969, Teil 1, 182 S.

[2] *D. C. Blackley*, Emulsion Polymerisation Theory and Practice, London 1975

[3] *H.-G. Könnecke, R. Otto, P. Hecht*, Wissenschaft und Fortschritt 32 (1982) 109

[4] *R. Otto, P. Hecht*, Isotopenpraxis 16 (1980) 224

[5] *Ullmanns* Enzyklopädie der technischen Chemie, 4. Aufl. Bd. 10, Weinheim/Bergstr.: Verlag Chemie 1975, S. 457

[6] *E. A. Evans, M. Muramatsu*, Radiotracertechniques and Applications, New York und Basel: Verlag Marcel Dekker 1977, Vol. 2 S. 161

[7] *Houben-Weyl*, Methoden der org. Chemie, Bd. 6/2, Stuttgart: Georg Thieme Verlag 1955, S. 452 ff.

[8] *Houben-Weyl*, Methoden der org. Chemie, Bd. 9, Stuttgart: Georg Thieme Verlag 1963, S. 343, 407 u. 427 ff.

Isotopenpraxis 20 (1984) 10, S. 381 bis 385

Zur röntgenfluoreszenzanalytischen Bestimmung des Kalziumoxid-, Eisenoxid- und Aschegehaltes in Braunkohle

D. Wagner[1], *P. Urbanski*[2], *S. Karamuz*[2])

([1]) AdW, Zentralinstitut für Isotopen- und Strahlenforschung Leipzig; [2]) Institut für Chemie und Kerntechnik Warschau)

Es wird eine Methode zur Bestimmung des Kalziumoxid-, Eisenoxid- und Aschegehaltes an verschiedenen Kohlesorten getestet und der Einfluß unterschiedlicher chemischer Zusammensetzungen auf das Ergebnis untersucht. Die Verwendungsmöglichkeit eines einzigen Eichsatzes für die Untersuchung verschiedener Kohlesorten wird diskutiert und eine quasi-eichfreie Methode der Aschebestimmung vorgeschlagen.

Applying the XRF-technique and the low-energy X-ray scattering method an attempt of calcium and iron determination as well as measurement of the ash content in the brown coal was made. Calculation procedures on the basis of special calibration samples were tested at coal samples from several mines. A method for ash determination without calibration was proposed.

Keywords

ashes; calcium oxides; coal; iron oxides; proportional counters; quantitative chemical analysis; X-ray fluorescence analysis

1. Einleitung

Die Nutzung niederenergetischer Quantenstrahlung bei der Bestimmung des Aschegehaltes von Kohle wurde von verschiedenen Autoren untersucht [1–4]. Bei der Anwendung niederenergetischer Quantenstrahlung konzentrierte man sich dabei vor allem auf den Zusammenhang zwischen der Intensität der rückgestreuten einfallenden Strahlung und dem Aschegehalt und korrigierte den Einfluß schwankender Eisengehalte durch die Verwendung eines entsprechenden Filters [1].

Untersuchungen an Braunkohle zeigten jedoch, daß die Korrektur des Einflusses schwerer Elemente auf die Intensität der rückgestreuten Strahlung mit Hilfe mathematischer Methoden bessere Ergebnisse brachte [5].

Das Ziel der vorliegenden Arbeit ist es, eine Methode zur Bestimmung des Kalziumoxid-, Eisenoxid- und Aschegehaltes [6] an verschiedenen Kohlesorten zu testen und den Einfluß der unterschiedlichen chemischen Zusammensetzungen auf das Ergebnis zu untersuchen.

Es wird die Verwendungsmöglichkeit eines einzigen Eichsatzes für die Untersuchung verschiedener Kohlesorten mit Ergebnissen belegt und diskutiert.

Auf der Grundlage experimenteller Ergebnisse erscheint es möglich, eine quasi-eichfreie Aschebestimmung auf der Basis vorhandener chemischer Analysendaten des konkreten Abbaugebietes durchzuführen.

Anschriften: [1]) DDR-7050 Leipzig, Permoserstr. 15; [2]) 03-195 Warszawa, ul. Dorodna 16, VR Polen

2. Experimentelles

Für die Messungen standen ein Meßkopf, ausgerüstet mit einer Ringquelle ^{238}Pu (1,11 GBq) und einem Argon-Proportionalzählrohr sowie ein 3-Kanal-Analysator zur Verfügung. Der Analysator gestattete die gleichzeitige Erfassung der Strahlungsintensitäten I_{Ca}, I_{Fe}, I_R in den

Tab. 1. Mittlere Element- und Verbindungsgehalte (in Masse-%) in den untersuchten Probengruppen bezogen auf wasserfreie Kohle

Gr.	C^d	H^d	S^d	$(O + N)^d$	SiO_2	Al_2O_3	MgO	SO_3	Na_2O	TiO_2	K_2O	Na^+	Cl	CaO	Fe_2O_3	A^d	n
1	56,0	4,8	3,2	24,0	0,90	0,11	0,40	5,34	1,36	—	—	0,14	0,20	3,00	0,56	12,0	35
2	50,6	4,4	0,8	18,6	12,08	7,50	0,45	1,20	0,04	0,40	0,40	—	—	1,31	1,77	25,0	33
3	61,3	4,5	0,7	25,3	3,12	0,63	0,49	1,24	0,23	—	—	—	—	1,17	1,50	10,0	28
4	58,2	4,6	0,7	24,5	3,83	0,91	0,61	2,62	0,37	0,05	0,05	—	—	2,20	1,45	12,5	8

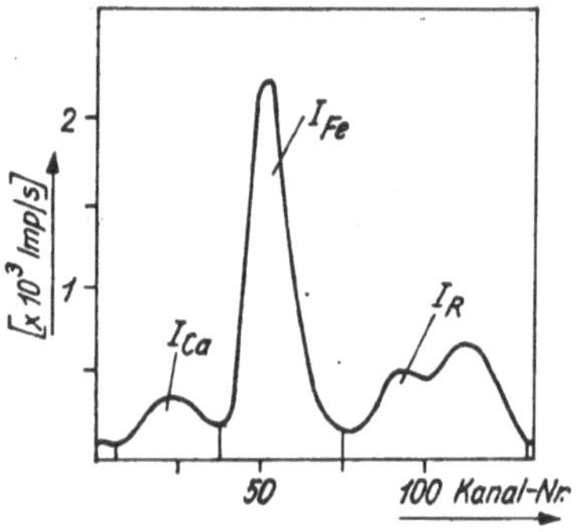

Abb. 1. Spektrum einer Kohleprobe

drei charakteristischen Gebieten eines Kohlespektrums (Abb. 1). Die Meßzeit betrug 1 Minute. Die Proben befanden sich in lufttrockenem Zustand und hatten einen maximalen Korndurchmesser von 0,1 mm. Zur Kontrolle der Meßapparatur wurde in regelmäßigen Abständen eine Standardprobe gemessen.

Es wurden insgesamt 104 Proben untersucht, die entsprechend ihrer Herkunft in vier verschiedene Gruppen eingeteilt werden konnten (Gruppe 1 — Salzkohle aus dem Tagebau Merseburg-Ost, Gruppe 2 — Kohle des Tagebaus Berzdorf, Gruppe 3 — Kohle des Tagebaus Nochten, Gruppe 4 — Kohle aus dem Tagebau Jänschwalde).

In Tab. 1 sind die mittleren Gehalte von *n* Proben der Probengruppen 1 ... 4 angegeben.

Die Gehalte an Kalziumoxid (c_{Ca}), Eisenoxid (c_{Fe}) und Asche (A^d) schwankten in den untersuchten Proben zwischen 0,8% – 6,5% CaO, 0,08% – 3,9% Fe_2O_3 und 5% bis 50% A^d. Alle angegebenen Konzentrationen beziehen sich auf wasserfreie Kohle.

3. Auswertung der Meßergebnisse

Die Eichung erfolgte auf der Grundlage der Ergebnisse von Messungen an zwei Probensätzen zu je 42 Proben, die durch eine gestaffelte Zugabe entsprechender Mengen von Kalziumoxid und Siliziumoxid bzw. Kalziumoxid und Eisenoxid zu einer aschearmen Probe der Gruppe 3 gewonnen wurden. Die Ergebnisse der Messungen dieses 84 Proben umfassenden Eichsatzes konnten durch die nachfolgenden Beziehungen beschrieben werden [6].

$$c_{Ca} = \frac{A_2 \cdot \frac{I_{Ca}}{I_R} + B_2 \cdot I_{Fe} + C_2}{1 + D \cdot F_{Fe}} \quad (1)$$

$$c_{Fe} = \frac{A_1 \cdot I_{Fe} + B_1 \cdot I_{Fe} \cdot \frac{I_{Ca}}{I_R} + C_1}{1 + D \cdot I_{Fe}} \quad (2)$$

$$A^d = \frac{1}{I_R} - \alpha \cdot c_{Ca} - \beta \cdot c_{Fe} - \gamma \quad (3)$$

Die mittleren quadratischen Abweichungen s_{Ca} und s_{Fe} der experimentell gewonnenen Konzentrationen von den Ergebnissen der chemischen Analyse betrugen für alle 104 untersuchten Proben der Gruppen 1 ... 4 0,62% CaO bzw. 0,38% Fe_2O_3.

In den Abb. 2 und 3 ist die Häufigkeitsverteilung der Abweichungen für jede einzelne Probengruppe dargestellt. Deutlich wird ein systematischer Fehler der CaO-Bestimmung in Gruppe 2. Die Ursache dafür ist der relativ hohe Titan- und Kaliumoxidgehalt in diesen Proben. Die Fluoreszenzstrahlung des Titans und Kaliums wird im I_{Ca}-Kanal registriert und führt in der Auswertung zu

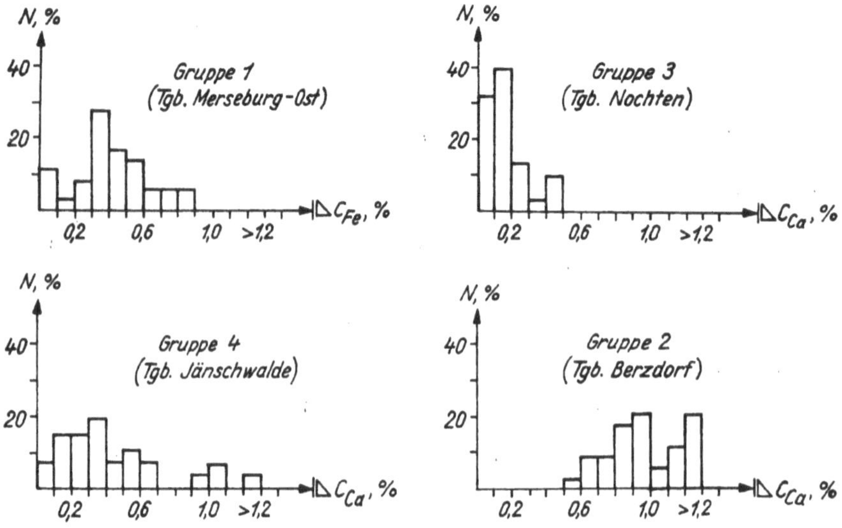

Abb. 2. Häufigkeitsverteilung der Abweichungen des nach Gl. (2) ermittelten CaO-Gehaltes vom chemisch bestimmten Wert in den einzelnen Probengruppen

Mitteilungen / Information

IAEA: Sicherungskontrolle 1983

Das Sekretariat der IAEA hat 1983 keine Unstimmigkeiten entdeckt, die auf die Abzweigung einer signifikanten Menge von spaltbarem Material unter IAEA-Sicherungskontrolle oder auf den Missbrauch von Anlagen oder Geraeten unter Sicherungskontrolle zur Herstellung einer Atomwaffe, zu irgendeinem anderen militaerischen Zweck, zur Herstellung irgendeines anderen nuklearen Sprengkoerpers oder zu unbekannten Zwecken hingedeutet haetten. Diese Schlussfolgerung wird im jaehrlichen Bericht des IAEA-Sekretariats ueber die Ausuebung der Sicherungskontrolle (Safeguards Implementation Report) fuer den Gouverneursrat gezogen. Das Ziel der IAEA-Sicherungskontrolle ist es, Vertrauen herzustellen, dass nukleare Programme und Nuklearanlagen unter Sicherungskontrolle nicht fuer militaerische Zwecke missbraucht werden. Die IAEA berichtet, dass 1983 rund 1.840 Inspektionen (1.700 im Jahre 1982) in ca. 520 Nuklearanlagen (500) in 50 Nichtkernwaffenstaaten (46) und in 3 Kernwaffenstaaten durchgefuehrt wurden. Mehr als 230 (190) automatische Photo- und Fernseh-Ueberwachungssysteme waren in Nuklearanlagen eingesetzt; 6.600 (6.000) Siegel wurden zum Einschluss von nuklearem Material angebracht und anschliessend im Hauptquartier in Wien auf ihre Unversehrtheit ueberprueft. Mehr als 1.150 (870) Pu- und U-Proben wurden analysiert. Dabei wurden 2.980 (1.870) Analyseresultate zusammengetragen. Im IAEA-Computer wurden 800.000 (655.000) Sicherungskontroll- und Messdaten verarbeitet und gespeichert. Der Bericht weist darauf hin, dass die Genauigkeit der Inspektionen und der Bewertungstaetigkeit durch die Tatsache illustriert wird, dass rund 420 (406) groesstenteils kleinere Diskrepanzen und Unstimmigkeiten entdeckt wurden. Mit Ausnahme eines einzigen Falles konnte nach einer folgenden Ueberpruefung und Nachforschung eine ausreichende Erklaerung dafuer gegeben werden. In einem Fall laufen die Ueberpruefungen noch. Am Ende des Jahres 1983 waren insgesamt 159 Sicherungskontroll-Abkommen in 92 Staaten in Kraft (90 in 1982). Ende 1983 standen 455 Anlagen in Nichtkernwaffenstaaten unter Sicherungskontrolle, oder sie enthielten Material, das unter Sicherungskontrolle war. Spaltbares Material unter IAEA-Sicherungskontrolle belief sich auf 6,8 Tonnen (6,6 t/1982) abgetrenntes Pu; 11 t (10 t) hochangereichertes U; 92,9 t (83 t) Pu, das in bestrahlten Brennstoffen enthalten ist; 18.590 t (16.782 t) schwachangereichertes U und 28.000 t (25.000 t) Rohmaterial. Als nicht-nukleares Material befindet sich 1.307 t Schweres Wasser unter Sicherungskontrolle der IAEA. (IAEA-Pressekommunique 84/14)

IAEA: Nukleare Sicherheit 1983

Der Sicherheitsstand der Nuklearindustrie war 1983 erneut positiv. In diesem Jahr hat die Kernenergie annaehernd 12% der elektr. Energie in der Welt erzeugt; die Zahl der Kernkraftwerke in Betrieb hat 300 ueberstiegen, und die zusammengerechneten Betriebsjahre, in denen Erfahrungen mit Kernkraftwerken gesammelt werden konnte, wuchsen auf ueber 3100. In ihrer 3. Jahresuebersicht ueber die Nukleare Sicherheit weist die IAEA darauf hin, dass zwar verschiedene Stoerfaelle in Kernkraftwerken im Berichtszeitraum aufgetreten sind, die durch menschliche Fehler oder technische Probleme entstanden sind. Nicht einer dieser Stoerfaelle hatte jedoch schwerwiegende Folgen. Es gab jedoch mehrere schwere Unfaelle, die in anderen nuklearen Anlagen auftraten:

- In Norwegen verlor Ende 1982 ein Techniker in einer Strahlensterilisierungsanlage sein Leben nach einer Verquickung von technischen Fehlern und menschlichen Irrtuemern.
- Im Jahre 1983 starb ein Techniker in einer argentinischen Forschungsanlage, als er die vorgeschriebenen Sicherheitsvorschriften nicht beachtete.
- In Mexiko wurde eine Reihe von Menschen hohen Strahlendosen ausgesetzt, als eine fuer medizinische Zwecke benutzte Strahlenquelle auf einem Alteisen-Sammelplatz zerlegt wurde.

Eine Expertengruppe hat dem Generaldirektor der IAEA geraten, eine Beratergruppe als Forum fuer die Beratung ueber Sicherheitsfragen und -konzepte zu gruenden. Auf dem Gebiet des Strahlenschutzes richtete sich die Aufmerksamkeit verstaerkt auf die natuerlichen Strahlenquellen, im bes. auf die hohe Strahlendosis durch Rn- und verwandte Strahlung, die in Wohnungen entdeckt wurde, deren Luftzirkulation eingeschraenkt wurde, und in Haeusern, die besonders abgedichtet wurden. Das Nukleare Sicherheits-Standards Programm der IAEA (NUSS) wurde weiter fortgefuehrt zur vollstaendigen Herausgabe eines Satzes von Regeln und Richtlinien zur Sicherheit von Kernkraftwerken. Der Trend zur Trennung von Kontroll- und Foerderungseinrichtungen in den Kernenergieprogrammen hielt an. Kopien des 77seitigen Berichtes koennen angefordert werden: Division of Public Information, IAEA, Wagramerstr. 5, PSF 100, A-1400 Wien (IAEA-Pressekommunique 84/15)

Kurznachrichten / Newlets

Kernphysik:
NEUARTIGER RADIOAKTIVER ZERFALL

Eine neue Art des radioaktiven Zerfalls wurde juengst von einer Arbeitsgruppe an der University of California in Berkeley/USA entdeckt: die Aussendung von zwei Protonen nach einem Beta-Zerfall, eine von dem sowj. Physiker Goldanski bereits 1965 theoretisch vorausgesagte Zerfallsart. Diese Zerfallsart ist heute eindeutig fuer das P-26 belegt. Dagegen scheinen die Verhaeltnisse bei dem Al-22, fuer das diese Zerfallsart erstmals nachgewiesen wurde, komplizierter zu sein: Neben der Emission von zwei Protonen scheint auch die Emission von He-2, d.h. dem bisher nicht bekannten Zustand zweier gebundener Protonen in einem He-Isotop, wahrscheinlich. Nachdem das Dineutron (der gebundene Zustand zweier Neutronen) bisher nicht nachgewiesen werden konnte, waere das He-2 als Diproton der erste (und vermutlich einzige) Atomkern, der nur aus gleichartigen Teilchen besteht. Alle anderen Atomkerne (mit Ausnahme des Wasserstoffkerns) enthalten stets Protonen und Neutronen. Allerdings ist zu erwarten, dass das neutronenfreie He-2 nur eine extrem kurze Lebensdauer besitzt, so dass sich die Untersuchung seiner Eigenschaften sehr schwierig gestalten duerfte. Die bisher unbekannten Nuklide Al-22 und P-26 wurden dabei durch Beschuss von Mg-24 bezw. Si-28 mit hochenergetischen He-3-Ionen erhalten. Phys.Rev.Letters 50, 404 (1983) und Abstract Am. Chem. Soc. Meeting Aug./Sep. 1983 (Naturwiss. Rundschau 36 (1983) 12).

Nuclear Physics:
A NEW KIND OF NATURAL RADIOACTIVITY

From a systematic study of the properties of nuclei heavier than lead, we have concluded that, in one or two cases, radioactive decay by emission of a particle heavier than the α-particle might be observable in competition with the latter. We have observed such decay in Ra-223 which occurs in the natural radioactive series emanating from U-235. Two 'by-pass' modes seem likely: emission of C-14, to Pb-209, with a Q-value of 32 MeV; and of C-12, to Pb-211, with a Q-value of 28 MeV. (Emissions of C-13 and C-15 from the same nucleus have a priori emission rates similar to that of C-12, but the emission of α-like nuclei seems more likely.) In this study we have used a solid-state counter telescope to identify the charge of the particle emitted, and, for greater convenience, a source of Ac-227 (half life 21 yr), with which the lower members of the series, including Ra-223, are in secular equilibrium. We have observed particles identificable as carbon ions and, from their energy and emission rate, they are C-14 rather than other carbon isotopes. The branching ratio for emission of C-14 nuclei relative to α-particles from Ra-223 is $8.5 \pm 2.5 \times 10^{-10}$, corresponding to a reduced width (preformation probability) smaller by a factor of $\sim 10^5$ to 10^6. (H.J. Rose and G.A. Jones, Nature 307(1984), pp 245-247)

Carbon 14:
MEASUREMENT SYSTEM AVAILABLE COMMERCIALLY

A new multi-sample C-14 measurement and dating system, developed by Harwell for archaeological, biochemical and environmental research, is to be made commercially available following an agreement between Harwell (UKAEA) and John Caunt Scientific Ltd. of Oxford. The Harwell system enables C-14 measurements to obtained from extremely small samples (with as little as 10 mg C content) and allows up to 16 samples to be measured simultaneously. The system has been fully proven, and the prototype has been in routine use on Harwell's commercial and nuclear programmes for over two years. The major applications for the system are in archaeological dating, earth sciences, environmental monitoring (eg atmospheric and biogenic studies around nuclear installations) medical and biochemical C-14 tracer studies and in hydrological investigations. C-14 measurement involves the use of gas proportional counters (using CO_2 as the counting gas) to detect the beta particle emissions from the radioactive decay. Measurements are made possible by the elimination (Through coincidence/anti-coincidence counting) of any nuclear events resulting from background or cosmic radiation. Multi-sample counting which enables a throughput of some 100 to 200 samples per year has been made possible by the application of the latest techniques in multi-channel data collection,signal processing and analysis, using dedicated microcomputers for which software has been fully developed by Harwell. This automatically provides quality control (allowing continuous monitoring of counter performance) and carries out all the necessary data analysis procedures to enable final results to be obtained even though individual counting periods may extend to two months or more. (Atom (1984) 331, p. 20-21)

Radiochemistry/Activation analysis:
APPLICATIONS OF RADIOCHEMICAL METHODS ON PROBLEMS IN SEMICONDUCTOR TECHNOLOGY AND ULTRAPURE MATERIALS

With ultrapure materials it is necessary to investigate, among other parameters, the impurities and the local distribution of impurities and doping elements. Activation analysis techniques have proved highly suitable for this purpose, their advantages being extreme sensitivity of detection, a broad measure of freedom from blank values, the application of an absolute method of analysis and simultaneous coverage of a broad spectrum of elements. The capacity of autoradiography for giving inhomogenities a visible form can be exploited to derive valuable analytical information about 50 elements on the periodic table. By employing radiotracer techniques it is possible to obtain important information leading to the optimization of manufacturing and fabrication procedures. The above advantages and the wide ranging applications of these methods are demonstrated here by way of results from radiochemical investigations of about 30 problems arising from semiconductor technology. Autoradiographs illustrate that doping and impurity elements deposit in swirls, striations and defects in the crystal lattice, e.g. in silicon, quartz, $LiNbO_3$, and may result in undesirable crystalline properties. Results from activation analyses demonstrate, among other phenomena, the intrinsic gettering effect with oxygen segregations in silicion, the introduction of impurities in ion-implanted materials through sputtering in a vacuum tube, increased take up of impurities under high-pressure oxidation of silicon and the purifying effect of sapphire liquefaction and of controlled silicon solidification. The capabilities of radiotracer techniques are demonstrated by investigations of zone refining and silicon wafer cleaning. (In German; E.W. Haas et al., J. Radioanal. Nucl. Chem., Articles (1984) 82/1 pp. 7-32)

Nukleare Entsorgung:
WANDERUNG LANGLEBIGER RADIONUKLIDE

Im Zusammenhang mit der Endlagerung radioaktiver Abfaelle hat der sogenannte Radionuklid-Transfer, die Wanderung eventuell frei werdender radioaktiver Stoffe in ihre Umgebung, grosse Bedeutung. Anlaesslich eines internationalen Symposiums, das sich mit dem Verhalten von Radionukliden in der terrestrischen Umwelt befasste, wurden Ergebnisse einer gemeinsamen brasilianisch-amerikanischen Studie ueber die Mobilitaet von Thorium vorgelegt. Der Berg Morro do Ferro im brasilianischen Staat Minas Gerais enthaelt ein 20 000t umfassendes, etwa 80 Mill. Jahre altes, stark verwittertes Th-Lager. Messungen der voraussichtlichen jaehrl. Mobilitaetsrate des Th von diesem Lager haben ergeben, dass die Wanderbewegung im Erdreich weit weniger als 1 mm pro Jahr betraegt. Da Th und Pu unter Umwelteinfluessen chemisch sehr aehnlich reagieren, traegt diese Studie zum Verstaendnis bei, wie sich Pu in einem nuklearen Endlager nach einem Wassereinbruch fortbewegen koennte. Dabei ist zu beachten, dass im Falle des natuerlichen Th-Vorkommens das Schwermetall frei in seiner geologischen Formation lagert, waehrend der radioaktive Abfall im Endlager in verglaster Form und in Edelstahlbehaeltern gekapselt vorliegt. (Atomwirtschaft/Atomtechnik 29(1984)3, S. K+U III)

Kernenergie:
NEUE SOWJETISCHE ERKENNTNISSE ZUR GESTEUERTEN KERNFUSION

Im Kurtschatow-Institut fuer Kernenergie befindet sich eine thermonukleare Grossanlage zur Gewinnung von Plasma mit thermonuklearen Parametern im Bau. Damit wird der Beweis erbracht, dass die mit der Instabilitaet des Plasmas verbundenen Komplikationen fuer die Schaffung eines thermonuklearen Reaktors keine unueberwindlichen Hindernisse mehr darstellen. Folgerichtig wird die naechste Etappe zur Erschliessung der neuen Energiequelle der thermonukleare Versuchsreaktor sein. Er soll die praktische Moeglichkeit nachweisen, Energie durch die Synthese leichter Elemente zu gewinnen. Es wird vorgeschlagen, den Wissenschaftlern fuer ihre hervorragenden Ergebnisse den Leninpreis zu verleihen, tragen sie doch entscheidend dazu bei, die vom XXVI. Parteitag der KPdSU gestellte Aufgabe, die Grundlagen fuer die auf der Kernfusion beruhende Energiewirtschaft zu schaffen, zu realisieren. (Nach: J.Welichow, Presse der Sowjetunion (1984) 4, S. 46 - uebernommen aus der Prawda vom 18.2.1984)

Radioaktivitaet:
ZERFAELLE PRO SEKUNDE (Bq)

Von den bisher bekannten 107 chemischen Elementen kennt man > 1500 Isotope. Davon sind nur 249 stabil, alle anderen zerfallen und sind somit radioaktiv. Der sog. Zerfall von Elementen ist ein natuerlicher Vorgang. Die Zahl der Zerfaelle pro Sekunde (i.a. Aussendungen von Alpha-/Beta-/Gammastrahlung) wurde frueher in der Einheit Curie (1Ci=3,7 x 10^{10} Zerfaelle/Sekunde), heute in Becquerel (1Bq=1 Zerfall/Sekunde) gemessen. Mit diesen Einheiten wird die "Staerke" der radioaktiven Strahlenquellen bezeichnet. Um einen Eindruck zu vermitteln, wie radioaktiv einzelne Stoffe sind, werden nachstehend Beispiele fuer haeufiger zitierte Substanzen gegeben. 1 Gramm Co-60 erfaehrt rund 4108 Billionen Zerfaelle/Sek., 1 g ausgedienter Kernbrennstoff im Reaktor 300 Mrd. Zerf./Sek., 1 g ausgedienter Kernbrennstoff nach 7 Jahren Lagerzeit 19 Mrd. Zerf./Sek., 1 g Ra-226 36,7 Mrd. Zerf./Sek.. 1 g Natururan 25 000 Zerf./Sek., natuerliche Radionuklide im menschlichen Koerper 37 000 Zerf./Sek. Aus diesen Angaben laesst sich errechnen, dass in einer Bevoelkerung von etwa 60 Mill. Menschen staendig ebensoviel radioaktive Zerfaelle stattfinden, wie in 90 Tonnen Natururan. (Atomwirtschaft/Atomtechnik 29(1984)4,S.K+U IV)

Ankündigungen / Announcements

Neuerscheinungen:

Yearbook 1981-1982 (Editor: M. Ziegler-Naray) Central Institute for Physics of the Hungarian Academy of Sciences (KFKI) - 1983, 213 pp. H-1525 Budapest, P.O.Box 49, Hungary

Reference Data Series No. 2
Nuclear Power Reactors in the World (Edition April 1984, 66 pp)

Reference Data Series No. 1
Energy, Electricity and Nuclear Power Estimates for the Period up to 2000 (Edition September 1983, 59 pp.) IAEA, Vienna, Austria

Photonuclear Data - Fission of Heavy Nuclei (Editors: W.W. Warlamow et al.), Moscow, 1983, 208 pp. (in English and in Russian)
The present volume has been prepared jointly by collaborators of the Centre for Photonuclear Experiments Data of the Institute of Nuclear Physics of Moscow State University , 117234 Moscow, USSR and the Institute of Physical Problems of the USSR Academy of Sciences. The volume opens a series of the thematic surveys of photonuclear data on various regions of electromagnetic interaction physics. The volume includes a review of the main results of the studies of the photo- and electrofission of heavy nuclei in the excitation energy region up to 30MeV, as well as systematized information about the experimental works devoted to this field of nuclear physics published in the literature since 1952 till 1982 inclusive. The main physical results obtained in the works covered in the review are tabulated. The digital data from the reviewed works have been recorded in the INP MSU CDFE on the magnetic tape using the format close to the EXFOR international exchange format.

NEA Activities in 1983, 12th Activity Report of the OECD Nuclear Energy Agency, 43 pp, (in English) 1983
Contents:
Trends in Nuclear Power
Nuclear Development and the Fuel Cycle
Nuclear Safety Technology and Licensing
Radiological and Environmental Impacts of Nuclear Fuel Cycle Activities
Legal Affairs
Nuclear Science
Joint Undertakings and other NEA Joint Projects
Organisation and Administration
OECD Publication Office, 2, rue André-Pascal, 75775 Paris CEDEX 16, France

Veröffentlichungen / Publications

CENTRAL INSTITUTE OF PHYSICS, BUCHAREST, ROMANIA

EPR of uranium ions - I. Ursu et al; NP-30-1984
The island of alpha activity close to the double magic nucleus Sn-100 - D.N. Poenaru et al.; NP-31-1984

ZENTRALINSTITUT FUER ISOTOPEN- UND STRAHLENFORSCHUNG DER ADW DER DDR

ZfI-Mitteilungen:
Nr. 83 Zur Anwendung der Zell-Gitter-Fluessigkeitstheorie bei der Berechnung thermodynamischer Groessen von Ein- und Mehrstoffsystemen - G. Christoph, Februar 84
Nr. 84 3. Arb.-Tagung "Isotope in der Natur" vom 15.-18.11.83 in Leipzig, Vortraege I April 84
Nr. 85 3. Arb.-Tagung "Isotope in der Natur" vom 15.-18.11.83 in Leipzig, Vortraege II, Juni 1984
Nr. 86 Zusammensetzung von Spaltproduktgemischen - M. Roesseler;
Moderne Ionenaustauschverfahren - Ch. Mallon, M. Richter
Zur Extraktion von Salpetersaeure und Spaltprodukten mit phosphororganischen Verbindungen - B. Gorski, G. Heilfort, April 1984
Nr. 87 Pulsradiolytische Untersuchungen zum Elektronen- und Energietransfer in fluessigen Alkanen und Alkylchloriden - R. Mehnert, Maerz 1984
Nr. 88 IN-VIVO-N-15-Tracermethoden zur Beurteilung des Proteinstoffwechsels in der klin. Forschung und Praxis, Leipzig, vom 6.-7.12.1983 - H. Faust u.a., April 1984
Nr. 89 Isotopes in Antarctic Research - Contributions of the GDR - II, Mai 1984
Nr. 90 Wissenschaftlicher Ergebnisbericht 1983 des Zentralinstituts fuer Isotopen- und Strahlenforschung der AdW der DDR, Juni 1984 - Bearb. R. Schroeter

UNITED KINGDOM ATOMIC ENERGY AUTHORITY

AERE-M 3366
The measurement of C-14 in nuclear installations - December, 1983, 15 pp, B. Metcalfe et al.

AERE PR-EMS 10
Environmental and Medical Sciences Division progress report 1982 - November, 1983, 201 pp

AERE-R 10812
Harwell oxygen sensor and associated items-description, operating conditions and performance - January, 1984, 10pp, R.C. Asher

AERE-R 10914
DISPER-Computer program to calculate the transport of contaminants in networks. - December - 1983, 18 pp, P.C. Robinson

SRD-R 240
The thermal response of tanks engulfed in fire - December, 1983, 54 pp, D.L.M. Hunt et al.

SRD-R 281
Causes of larger degraded core frequencies in earlier safety studies compared with Sizewell - January, 1984, 22 pp, A.A. Debenham et al.

Veranstaltungskalender – Tagungen – Lehrgänge / Calendar – Meetings – Courses

XIVth INTERNATIONAL SYMPOSIUM ON AUTORADIOGRAPHY
November 19.-23., 1984, Reinhardsbrunn, GDR

The XIVth International Symposium on Autoradiography will take place from November 19 to 23, 1984 in Reinhardsbrunn, GDR. It will be organized by the Central Institute of Isotope and Radiation Research of the Academy of Sciences of GDR. This symposium is the traditional meeting of the experts of the socialist countries in the field of autoradiography. In this conference they have the opportunity to discuss directly the problems and results of their scientific work on development and application of autoradiographic methods. The programme of the symposium will content the following main topics:

- basis problems of autoradiography using nuclear emulsions and solid state nuclear track detectors
- application of autoradiography in research and industry
- quantitative autoradiography
- evaluation of autoradiograms
- technical questions of autoradiography

X. ALLUNIONS-SYMPOSIUM UEBER STABILE ISOTOPE IN DER GEOCHEMIE
3.-4. Dez. 1984 in Moskau

Ziel der Tagung ist ein Informationsaustausch ueber neue experimentelle und theoretische Ergebnisse auf dem Gebiet der Isotopengeochemie und die Eroerterung von Problemen der weiteren Entwicklung und effektiven Anwendung der Isotopenmethoden in der geologischen Forschung. Veranstalter: W.J. Wernadsky - Institut fuer Geochemie und Analytische Chemie der AdW der UdSSR, Moskau.

Ausgewählte Beiträge / Recently published papers

RADIOCHIMIJA 26(1984)1 (all in Russian)
The limiting valent states and the problem of actinoid location in the Periodic system - V.K. Grigorovich et al.

T in the water of the Baltic sea and some of its regions - V.A. Blinov et al.

As Proceedings of the 2nd All-Union Conference on Pu and Np chemistry, 23-25 November 1982, Leningrad:
Some features of extraction of Pu (IV) by trialkyl amine solutions from solutions of nitric acid - V.M. Lebedev et al.

Radiation-chemical behaviour of Pu (IV) in extraction systems - M.V. Vladimirova et al.

Reduction of Pu(VI) in nitric acid solutions by alpha irradiation - N.N. Andreichuk et al.

The investigation of Np (IV) behaviour in solutions of potassium phosphorotungstate - E.A. Erin et al.

Radioactive-chemical behavior of Np ions on nitric and solutions in the presence of Cm-244 - L.M. Frolova et al.

The compound of Pu (IV) oxalate with carbamide - V.G. Andryushin et al.

The determination of Pu in environmental objects and biological materials - V.J. Astafurov et al.

Combined method for the determination of atomic ratio of oxygen to metal in mixed oxide U-Pu fuel - S.J. Korolev et al.

RADIOCHIMICA ACTA 33(1983)4
Monitor reactions for high enorgetic Li-6-projectiles - H. Klewe Nebenius et al.

The thermal neutron cross-sections and resonance integrals of I-127, I-128 and I-129 - L. Friedmann et al.

Chemical behavior of carbon-11 produced in liquid ammonia - Ren Iwata et al.

Hydrogen Evolution from tritiated water on silica gel by gamma-irradiation - M. Nakachima et al.

Thermal release of T from neutron-irradiated Li_2C_2 - H. Kudo et al.

Substoichiometric radiochemical separation of Th - N. Muralidhar

IZOTÓPTECHNIKA 27(1984)1 (in Hungarian)
Study of Heterogeneous Isotope Exchange and Exchange Current Density in Metal/Electrolyte Systems - J. Konya

A Methodological Problem of the N-15 Isotope Dilution Method, I. - G. Bakonyi et al.

Simple Methods for the Determination of the Age of Fission Products - J. Solymosi

Study of Chromate Coatings by Radioisotope Tracing - T. Drozda et al.

IZOTÓPTECHNIKA 27(1984)2 (in Hungarian)
Clinical Investigation of TECHIDA of the Institute of Isotopes of the Hungarian Academy of Sciences - L. Pavics et al.

A Comparison of Some Characteristics of Computer Programmes ACTIV and SAMPO 80 for the Automatic Evaluation of Gamma Spectra - Gy. Patzay et al.

Preliminary Considerations on the Production of Cyclotron Isotopes Ga-67, I-123 and Tl-201 in Hungary -J. Koernyei

Determination of Serum Thyroxin Level in Euthyreotic Persons with the RK-12 Kit - I. Krasznai et al.

The Clinical Testing of the Hungarian Made I-125-6-keto-Prostaglandin $F_{1\alpha}$ Radioimmunoassay Kit - G. Gyertyanfy

FOOD IRRADIATION NEWSLETTER 8(1984)1
Report on FAO/IAEA Seminar on Food Irradiation, Lima, Peru

International Symposium on Food Irradiation Processing

Report o FAO/IAEA Research Coordination Meeting on Precommercial Scale Radiation Treatment of Foods, Manila, Philippines

Regulations for Using Ionizing Radiation for Treating Food Proposed by the Food and Drug Administration of the USA

Other Clearances for Food Irradiation

Report on International Facility for Food Irradiation Technology (IFFIT) Activities in 1983

International Training Course on Food Irradiation

A Sample Batch Type Research/Pilot Plant for Food Irradiation

Series of Articles on the Economics and Energy Analysis of the Food Irradiation Process - Continued:

- Economics of Irradiation Operation as a Service Facility - J.G. Leemhorst
- Economic Feasibility of Food Irradiation - J. Farkas
- Pilot Plant Operations for the Food Irradiation Process - W.F. Oosterheert

Communications Received:

- Past and Recent Events in Food Irradiation in France - Y. Henon
- Second Workshop on Food and Feed Irradiation - T. Hanis and P. Klir

The next International Symposium on Food Irradiation is scheduled from 4-8 March 1985 at Orlando, Florida (USA)

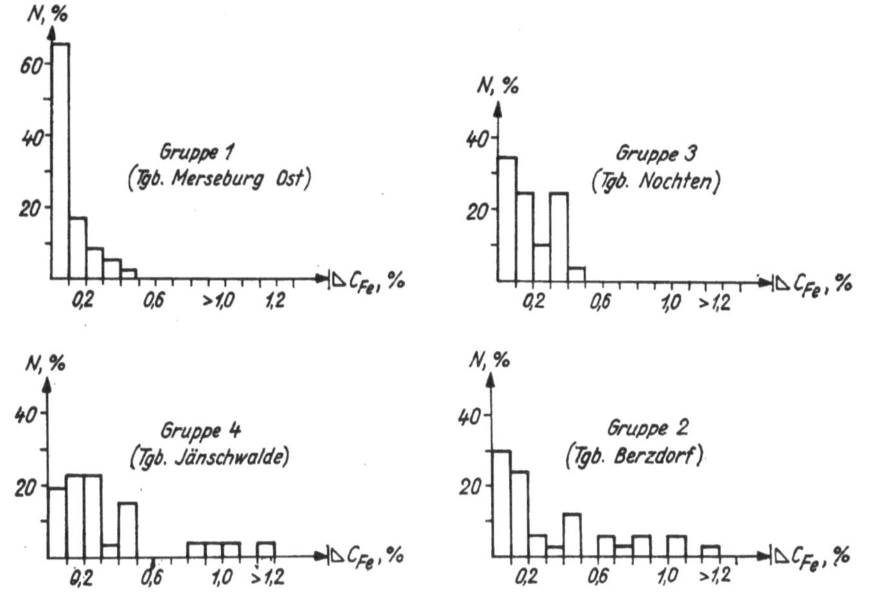

Abb. 3. Häufigkeitsverteilung der Abweichungen des nach Gl. (1) ermittelten Fe_2O_3-Gehaltes vom chemisch bestimmten Wert in den einzelnen Probengruppen

einem entsprechend höheren CaO-Gehalt. In Abb. 2 wird eine Verschiebung um etwa 0,8% CaO deutlich, was auch dem mittleren Gehalt an Titan- und Kaliumoxid in diesen Proben entspricht (Tab. 1).

Sind die mittleren Gehalte an Titan- und Kaliumoxid in der zu untersuchenden Kohlesorte bekannt und ausreichend konstant, so kann diesem Fehler durch eine entsprechende Korrektur des experimentellen Ergebnisses begegnet werden. Berücksichtigt man die Ergebnisse der Probengruppe 2 nicht, so beträgt die Abweichung s_{Ca} für die Gruppen 1, 3 und 4 0,37% CaO.

Für die Aschegehaltsbestimmung wurde der entsprechende Wert s_{A^d} für jede Gruppe einzeln bestimmt und beträgt in der Reihenfolge der Gruppen 1 ... 4 6,4% A^d, 5,8% A^d, 3,6% A^d und 2,7% A^d (Tab. 2 Spalte 2).

Tab. 2. Mittlere quadratische Abweichungen s_{A^d} des nach Gl. (3) und Gl. (9) ermittelten Aschegehaltes von den chemisch bestimmten Werten für die Probengruppen 1 bis 4

1	2	3	4	5
Gruppe	s_{A^d}, $\%A^d$ A^d nach Gl. (3)	s_{A^d}, $\%A^d$ A^d nach Gl. (9)	$\bar{A}^d_{oh}$, %	δ_{A^d}, $\%A^d$
1	6,4	2,0	12,0	1,8
2	5,8	4,5 (3,0)	25,0	8,5
3	3,6	2,3	10,0	4,4
4	2,7	1,7	12,5	3,3

Die Ergebnisse der Aschebestimmung zeigen, daß Gl. (3) nicht in dieser Form auf Proben unterschiedlicher chemischer Zusammensetzung angewandt werden kann. Eine Modifikation der Gl. (3) entsprechend einer veränderten chemischen Zusammensetzung der Proben ist erforderlich, wenn man die Genauigkeit der Aschebestimmung verbessern will.

Im folgenden Abschnitt wird eine Methode der Aschebestimmung vorgestellt, die auf vorhandene Ergebnisse chemischer Routineanalysen der zu untersuchenden Kohlesorte aufbaut und damit bei einer Veränderung der Kohlequalität ohne eine aufwendige Neueichung auskommt.

4. Eine quasi-eichfreie Bestimmung des Aschegehaltes

In Abschn. 3 wurde gezeigt, daß die Methode der CaO- und Fe_2O_3-Bestimmung auf der Basis eines „universellen" Eichsatzes, ggf. unter Berücksichtigung störender Metalloxidkonzentrationen (TiO_2 und K_2O), für unterschiedliche Kohlesorten anwendbar ist und, wie nachfolgend gezeigt, für eine Aschegehaltsbestimmung ausreichend genaue Ergebnisse liefert.

Die Nettointensität der von einer in Sättigungsdicke vorliegenden Probe rückgestreuten anregenden Strahlung ist [1]

$$I_r = K \cdot I^0 \cdot \frac{\sum_k (\sigma_{coh} + \sigma_{inc})_k \cdot c_k}{2 \cdot \sum_k \mu_k \cdot c_k} \quad (4)$$

wobei:

K – Geometriefaktor
I_0 – Intensität der auf die Probenoberfläche einfallenden Strahlung
c_k – Konzentration des Elementes k in der Probe
σ_{coh}, σ_{inc} – Streukoeffizienten für die kohärente bzw. inkohärente Streuung
μ_k – Massenschwächungskoeffizient des Elementes k für die Energie der einfallenden und rückgestreuten Strahlung, welche annähernd gleich sind für die inkohärente Streuung niederenergetischer Strahlung und gleich für die kohärente Streuung

Berücksichtigt man einen apparaturabhängigen Streuuntergrund und die Tatsache, daß der Feuchtegehalt labortrockener Kohleproben in engen Grenzen schwankt und in der Regel aus chemischen Analysen nicht hervorgeht, so läßt sich die auf die Intensität einer Standardprobe I_{St} bezogene Bruttointensität I_R in Näherung darstellen als:

$$\frac{I_R}{I_{St}} = A + B \cdot \frac{\sum_k c_k \cdot \sigma_k}{\sum_k c_k \cdot \mu_k}, \quad \sigma_k = (\sigma_{coh} + \sigma_{inc})_k \qquad (5)$$

c_k — Konzentration des Elementes k in der wasserfreien Kohleprobe

Die Koeffizienten A und B lassen sich mit dem in [6] beschriebenen Eichprobensatz oder aber mit jedem anderen gut analysierten Probensatz für eine konkrete Meßanordnung bestimmen.

In Abb. 4 ist der Zusammenhang von Gl. (5) für verschiedene Proben dargestellt. Es kann gezeigt werden, daß die Streuung der Werte I_R/I_{St} um die Ausgleichsgerade im wesentlichen durch den unberücksichtigt gelassenen Wassergehalt hervorgerufen wird.

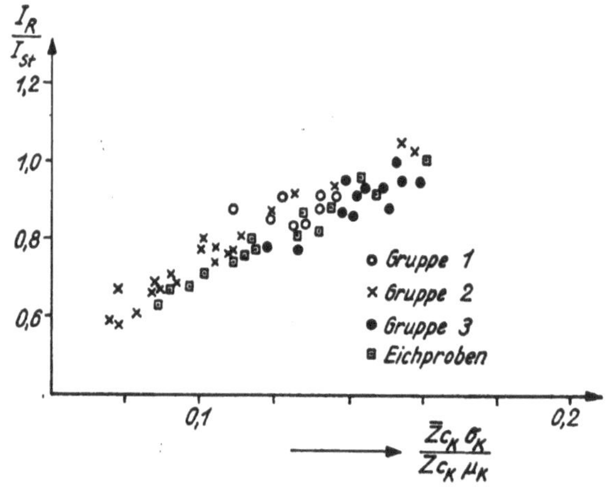

Abb. 4. Abhängigkeit der auf die Intensität einer Standardprobe bezogenen Intensität der rückgestreuten Strahlung vom Quotienten aus dem Streukoeffizienten und dem Massenschwächungskoeffizienten der Probe

Nach den Ergebnissen der Verbrennungsanalyse wird die Kohle in 4 Fraktionen unterteilt [7]:

Fraktion 1: CaO (C_{Ca})
Fraktion 2: Fe_2O_3 (C_{Fe})
Fraktion 3: SiO_2, Al_2O, MgO, SO_3 und wenn vorhanden z. B. TiO_2, K_2O, Na_2O usw. (C_R)
Fraktion 4: C, H, S, (O + N) (C_B)

Entsprechend dieser Unterteilung werden die Summen $\sum_k c_k \cdot \sigma_k$ und $\sum_k c_k \cdot \mu_k$ aufgespalten.

$$\sum_k c_k \cdot \sigma_k = c_B \cdot \sigma_B + c_{Ca} \cdot \sigma_{Ca} + c_{Fe} \cdot \sigma_{Fe} + c_R \cdot \sigma_R \qquad (6)$$

$$\sum_k c_k \cdot \mu_k = c_B \cdot \mu_B + c_{Ca} \cdot \mu_{Ca} + c_{Fe} \cdot \mu_{Fe} + c_R \cdot \mu_R \qquad (7)$$

mit

$$1 - c_B = A^d, \qquad c_R + c_{Ca} + c_{Fe} = A^d \qquad (8)$$

Aus den Gl. (5), (6), (7) und (8) ergibt sich die Beziehung für den Aschegehalt

$$A^d = \frac{S - I'_R \cdot M}{I'_R \cdot (\mu_R - \mu_B) - (\sigma_R - \sigma_B)} \qquad (9)$$

$$S = \sigma_B + c_{Ca} \cdot (\sigma_{Ca} - \sigma_R) + c_{Fe} \cdot (\sigma_{Fe} - \sigma_R)$$

$$M = \mu_B + c_{Ca} \cdot (\mu_{Ca} - \mu_R) + c_{Fe} \cdot (\mu_{Fe} - \mu_R)$$

$$I'_R = \left(\frac{I_R}{I_{St}} - A\right) \cdot \frac{1}{B}$$

Die verwendeten Massenschwächungskoeffizienten μ_k sowie die Streukoeffizienten σ_k wurden mit Hilfe eines Interpolationsprogrammes für die Energien der drei Komponenten der anregenden Strahlung ($U_{L\alpha}$-, $U_{L\beta}$- und $U_{L\gamma}$-Strahlung) aus den Tabellen von *Veigele* [8] berechnet und entsprechend den Intensitätsverhältnissen dieser Komponenten [9] zu einem Endwert zusammengefaßt (Tab. 3). Ein Arbeiten mit Gl. (9) setzt voraus, daß über die zu untersuchende Kohlesorte ein ausreichendes Datenmaterial in Form von Kohle-Vollanalysen vorliegt. Dieses Material gestattet die Berechnung von mittleren Werten der Größen μ_B, σ_B, μ_R und σ_R. Die Qualität der mit Gl. (9) erzielten Ergebnisse hängt davon ab, wie stark die Verbindungsgehalte in den zu untersuchenden Proben schwanken und damit Abweichungen von den zugrunde gelegten Mittelwerten auftreten.

Auf eine neue Kohlequalität (charakterisiert durch einen über einen längeren Zeitraum geänderten Gehalt verschiedener Verbindungen) kann reagiert werden, indem die Daten aktueller Routineanalysen in die Bestimmung der Größen μ_B, σ_B, μ_R und σ_R kontinuierlich eingearbeitet werden.

Für die untersuchten Proben wurden die Größen μ_B, σ_B, μ_R und σ_R für jede einzelne Probe berechnet und daraus dann die Mittelwerte gebildet. In Tab. 4 sind diese zusammen mit den entsprechenden mittleren quadratischen Abweichungen der Einzelwerte vom Mittelwert angegeben.

5. Ergebnisse und Diskussion

In Tab. 2, Spalte 3 sind die mittleren quadratischen Abweichungen s_Ad der mit der vorgestellten Methode bestimmten Aschegehalte von den chemisch bestimmten Werten dargestellt. Das für die Probengruppe 2 in Klammern angeführte Ergebnis wurde erhalten, indem in Gl. (9) für c_{Ca} die chemisch bestimmten Werte eingesetzt wurden. In Spalte 4 und 5 sind der mittlere Aschegehalt $\bar{A}^d_{ch}$ (chemisch bestimmt) der jeweiligen Proben sowie die Standardabweichung σ_{Ad} angegeben. Berechnet man aus den Größen A^d und A^d_{ch} den Korrelationskoeffizienten r, so beträgt er in der Reihenfolge der Gruppen 2 ... 4 0,93-0,85 und 0,85. Für die Gruppe 1 ist ein Korrelationskoeffizient nicht definiert, da die Aschegehaltsschwankungen innerhalb des zur Verfügung stehenden Probensatzes im Bereich des Bestimmungsfehlers lagen. Die Messungen können dann nur einer Kontrolle des Aschegehaltes dienen.

Tab. 3. Verwendete Massenschwächungskoeffizienten μ und Streukoeffizienten σ der einzelnen Elemente und Verbindungen

	C	H	S	(O + N)	SiO_2	Al_2O_3	MgO	SO_3	Na_2O	TiO_2	K_2O	Na	Cl	CaO	Fe_2O_3	H_2O
μ, cm^2g^{-1}	0,732	0,406	13,296	1,384	4,978	4,511	3,970	6,309	3,275	19,033	18,148	4,116	15,321	18,810	36,000	1,500
σ cm^2g^{-1}	0,250	0,406	0,518	0,278	0,373	0,396	0,359	0,385	0,346	0,569	0,546	0,363	0,527	0,537	0,646	0,309

Tab. 4. Mittlere Werte der Größen σ_B, σ_R, μ_B und μ_R und die entsprechenden Standardabweichungen für die 4 Probengruppen

Gruppe	σ_B cm²/g	σ_R cm²/g	μ_B cm²/g	μ_R cm²/g	$\delta_{\sigma B}$ %	$\delta_{\sigma R}$ %	$\delta_{\mu B}$ %	$\delta_{\mu R}$ %
1	0,2758	0,379	1,151	5,738	0,4	0,7	2,5	3,0
2	0,2704	0,386	1,058	5,262	0,4	0,3	15,0	1,4
3	0,2660	0,375	0,999	5,088	0,4	0,5	3,3	3,0
4	0,2650	0,378	0,908	5,231	0,2	0,2	4,2	1,7

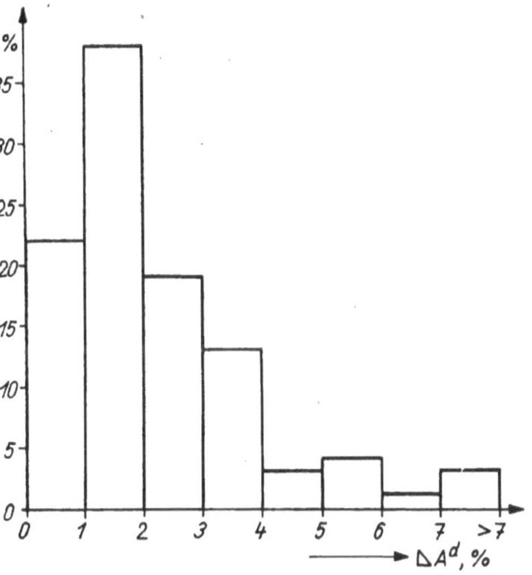

Abb. 5. Häufigkeitsverteilung der Abweichungen des nach Gl. (9) experimentell ermittelten Aschegehaltes vom chemisch bestimmten Wert für alle 104 Proben

Tab. 5. Auswirkung von Schwankungen ausgewählter Einflußgrößen(EFG) auf die Genauigkeit der Aschebestimmung

EFG	|Δ(EFG)| %	$\|\Delta A^d\|$ %
c_{Ca}	0,2	0,7
c_{Fe}	0,2	1,6
c_{Sd}	0,1	0,5
c_{S_p}	0,1	0,04
c_W	1,0	0,3

Abb. 5 zeigt die Häufigkeitsverteilung der Abweichungen des experimentell ermittelten Aschegehaltes vom chemisch bestimmten Wert für alle 104 Proben.

In Tab. 5 sind die Ergebnisse einer Fehlerbetrachtung dargestellt. Untersucht wurde die Auswirkung von Bestimmungsfehlern der Einflußgrößen (EFG) Kalziumoxid und Eisenoxid sowie von Abweichungen der Gehalte an Schwefel (c_S) und Spurenelementen (c_{S_p}) (z. B.: TiO_2, K_2O, Na_2O u. a.) von den angenommenen Mittelwerten auf die Bestimmung des Aschegehaltes A^d. Abweichungen von einem angenommenen Mittelwert des Schwefelgehaltes wirken über die Größen σ_B und μ_B, Abweichungen im Spurenelementgehalt über die Größen σ_R und μ_R auf den Fehler der Aschegehaltsbestimmung. Außerdem wurde der Einfluß einer Abweichung des Wassergehaltes von dem bei der Bestimmung von A und B nach Gl. (5) automatisch eingeeichten Gehalt, untersucht. Alle Angaben in Tab. 5 sind Absolutwerte. Die Abweichungen Δ (EFG) entsprechen etwa einem Relativwert von 10%.

Eine Verbesserung in der Genauigkeit der Kalziumoxid- und Eisenoxidbestimmung kann erreicht werden, indem man — wie in [5] gezeigt — für die jeweilige Kohlesorte eine speziell zugeschnittene Eichung, z. B. mit einem Polynomansatz, durchführt. Es macht sich jedoch dann erforderlich, bei wechselnder Kohlequalität stets neu zu eichen, womit man auf den wesentlichen Vorteil der beschriebenen Methode verzichtet.

Ausgehend von Gleichung (4) für die Intensität der rückgestreuten Strahlung kann man zu verschiedenen Kalibrierungsgleichungen für die Bestimmung des Aschegehaltes gelangen. Eine der möglichen Formen wird in der Arbeit von *B. Dziunikowski* und *A. Stochalski* [10] vorgestellt.

Die vorliegende Arbeit zeigt, daß unter Verwendung chemischer Analysendaten eine Gleichung gefunden werden konnte, die ohne eine spezielle Kalibrierung die Bestimmung des Aschegehaltes verschiedener Kohlesorten ermöglicht. Neben der Möglichkeit einer diskontinuierlichen Messung im Labor eignet sich das beschriebene Verfahren auch für einen kontinuierlichen Meßbetrieb im Nebenstrom. Eine entsprechende mechanische Anordnung sowie ein Auswertekomplex auf der Basis eines mikroprozessorgesteuerten Vielkanalanalysators wurde im Institut für Chemie und Kerntechnik in Warschau entwickelt.

Eingegangen am 21. 12. 1983

Literatur

[1] *J. R. Rhodes, J. C. Daglish, C. G. Clayton*, in: Radioisotope Instruments in Industry and Geophysics, 1, Wien: IAEA 1966, S. 447
[2] *I. S. Boyce, C. G. Clayton, D. Page*, in: Nuclear Techniques and Mineral Resources, Wien: IAEA 1977, S. 135
[3] *C. G. Clayton*, ibid S. 85
[4] *C. G. Clayton, M. R. Wormald*, Proc. of the International Conference on Industrial Application of Radioisotopes and Radiation Technology, Grenoble 1982, IAEA-CN-40, S. 119
[5] *D. Wagner, S. Karamuz, P. Urbanski*, ZfI-Bericht, ZfI-BIA-46 1983
[6] *P. Urbanski, D. Wagner, M. Jankowska, E. Kowalska*, Isotopenpraxis 19 (1983) 270
[7] *H.-K. Bothe*, ZfI-Bericht, ZfI-BIA-28, 1982
[8] *WM. J. Veigele*, Atomic Data Tables 5 (1973) 51
[9] *D. G. Vasilik, R. W. Martin*, Nuclear Instruments and Methods 135 (1976) 405
[10] *B. Dziunikowski, A. Stochalski*, J. Radioanalyt. Chem. 77 (1983) 159

Isotopenpraxis 20 (1984) 10, S. 386 bis 387

Zum Einfluß von Meßgutinhomogenitäten auf das Signal radiometrischer Meßstrecken*)

M. Frenzel

(Zentralinstitut für Isotopen- und Strahlenforschung Leipzig)[1])

Bei radiometrischen Messungen mit Quantenstrahlung an inhomogenen Proben treten Meßfehler auf, die durch Schwankungen des Produktes $\mu\varrho x$ (Exponent des Schwächungsgesetzes) verursacht werden. Die Größe dieser Meßfehler hängt von der Form und der Breite der Häufigkeitsverteilung des Produktes $\mu\varrho x$ ab. Mittels einer Transmissionsmeßstrecke, die mit einem sehr fein kollimierten Strahl und bei bewegter Probe mit sehr kurzer Meßzeit arbeitet, kann bei entsprechender Auswertung eine Korrektur für die vorhandene radiometrische Meßstrecke bestimmt werden.

If radiometric measurements with quantum radiation are performed at inhomogeneous samples, errors are caused by fluctuations of the product $\mu\varrho x$ (exponent of the attenuation law). The amount of the errors depends on the shape and the width of the frequency distribution of the product $\mu\varrho x$. From a transmission measurement using a narrow beam and, if the sample is moving, very short measuring times a correction can be obtained.

Keywords

coal; error; fluctuations; gamma radiation; grain density; radiometric gages; scintillation counters

1. Einleitung

Radiometrische Meßverfahren werden in der Industrie zur kontinuierlichen Überwachung von Stoffströmen mehr und mehr angewendet. Dabei können eine Reihe von Störeinflüssen auftreten, die dem gewünschten Meßeffekt überlagert sind und zu einem großen Meßfehler führen oder eine Messung gar unmöglich machen. Zu nennen wären hier z. B. Änderungen der Zusammensetzung, der Dichte oder der Schichtdicke des Meßgutes. Weitere Störeinflüsse sind Meßgutinhomogenitäten. Darunter sollen hier relativ schnelle Schwankungen der Eigenschaften des Meßgutes während eines Meßzyklus verstanden werden. Inhomogenes Meßgut liefert bei gleichen mittleren Eigenschaften (d. h. bei gleicher mittlerer Dichte, gleicher mittlerer Zusammensetzung usw.) ein anderes Meßsignal als homogenes Meßgut. Meßgutinhomogenitäten können z. B. bezüglich der Dichte (z. B. Schüttgut mit Hohlräumen zwischen den Körnern), der Zusammensetzung (Gemisch zweier Schüttgüter) und auch bezüglich der Schichtdicke (Schichtdicke schwankt während der Meßzeit) auftreten.

2. Größe des Effektes

Die übersichtlichsten Bedingungen bestehen im Fall einer Quantenstrahlungstransmissionsmeßstrecke, z. B. an auf einem Transportband bewegtem Schüttgut. Auf jeder gedachten Linie Quelle—Detektor senkrecht durch das Meßgut gilt ein bestimmtes Produkt $\mu\varrho x$, das die Absorption der Quantenstrahlung entlang dieser Linie beschreibt:

$$I = I_0 e^{-\mu\varrho x}$$

I vom Detektor registrierte Impulszahl
I_0 Impulszahl ohne Probe
μ mittlerer Massenschwächungskoeffizient entlang der Linie Quelle—Detektor
ϱ mittlere Dichte entlang der Linie Quelle—Detektor
x Schichtdicke

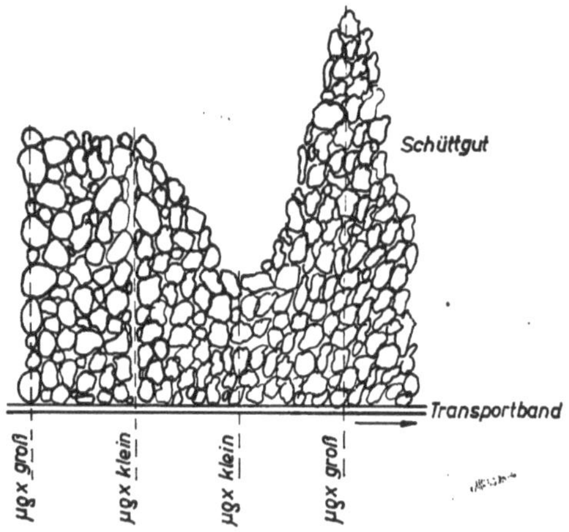

Abb. 1. Schwankungen des Produktes $\mu\varrho x$ in einem Schüttgut

Dieses Produkt $\mu\varrho x$ ist nicht konstant (Abb. 1). Jeder der drei Faktoren ist in einem aus mehreren Komponenten bestehenden Schüttgut veränderlich. Die während einer bestimmten Zeit vom Detektor registrierte Impulszahl muß unter diesen Bedingungen durch Integration über alle vorkommenden Werte von $\mu\varrho x$ berechnet werden:

$$I = \int_{\mu\varrho x=0}^{\infty} I_0 e^{-\mu\varrho x} H(\mu\varrho x) \, d(\mu\varrho x)$$

$H(\mu\varrho x)$ Wahrscheinlichkeitsfunktion des Produktes $\mu\varrho x$

In Ermangelung genauer Kenntnis der Wahrscheinlichkeitsfunktion $H(\mu\varrho x)$ wird für die Abschätzung folgende

*) Vortrag, gehalten auf der 3. Tagung „Nukleare Analysenverfahren" 11.–15. April 1983, Dresden

[1]) Anschrift: DDR-7050 Leipzig, Permoserstraße 15

Funktion angenommen:

$$H(\mu\varrho x) = \begin{cases} k e^{-\frac{(\mu\varrho x - (\mu\varrho x)_0)^2}{2\sigma^2}} & \text{für } \mu\varrho x \geqq 0 \\ & \text{(Gaußfunktion)} \\ 0 & \text{für } \mu\varrho x < 0 \end{cases}$$

$(\mu\varrho x)_0$ Mittelwert des Produktes $\mu\varrho x$
k Normierungsfaktor
σ Standardabweichung

Für den Normierungsfaktor gilt:

$$k = \frac{1}{\int\limits_0^\infty e^{-\frac{(\mu\varrho x - (\mu\varrho x)_0)^2}{2\sigma^2}} \, d(\mu\varrho x)}$$

Das Integral zur Berechnung der Impulszahl nimmt damit folgende Gestalt an:

$$I = \int\limits_{\mu\varrho x = 0}^{\infty} I_0 e^{-\mu\varrho x} k e^{-\frac{(\mu\varrho x - (\mu\varrho x)_0)^2}{2\sigma^2}} \, d(\mu\varrho x)$$

Die Integration ergibt die Näherungslösung:

$$I \approx I_0 e^{-(\mu\varrho x)_0 \left(1 - \frac{\gamma^2}{2}\right)} \quad \text{mit} \quad \gamma = \frac{\sigma}{\sqrt{(\mu\varrho x)_0}}$$

Wird aus der Impulszahl I z. B. der Massenschwächungskoeffizient der Probe unter Anwendung des exponentiellen Schwächungsgesetzes berechnet, so ist das Ergebnis um den Betrag

$$\Delta\mu = \frac{\mu\gamma^2}{2}$$

kleiner als der wahre mittlere Massenschwächungskoeffizient der Probe. Eine genaue Berechnung ist nur bei Kenntnis des Grades der Inhomogenität, d. h. des Wertes γ, möglich. Für verschiedene andere radiometrische Meßverfahren können die durch Meßgutinhomogenitäten hervorgerufenen Meßfehler auf ähnliche Weise abgeschätzt werden. Es ergibt sich z. B.:

– Flächenmassekompensierte Transmission (2-Energien γ-Transmission):

$$\Delta\mu_1 = \frac{\mu_1 - \mu_2}{2} \gamma^2$$

μ_1 Massenschwächungskoeffizient für die niederenergetische Strahlung
μ_2 Massenschwächungskoeffizient für die hochenergetische Strahlung

– Vorwärtsstreuung von γ-Strahlung

Die Probe verhält sich so wie eine Probe mit um $\Delta\varrho$ verringerter Dichte:

$$\Delta\varrho = \frac{\gamma^2 \cdot \varrho}{2} \qquad \Rightarrow \Delta\mu = \frac{S_\varrho}{S_\mu} \cdot \Delta\varrho$$

S_ϱ Dichteempfindlichkeit der Zählrate
S_μ μ-Empfindlichkeit der Zählrate

3. Korrekturmöglichkeit

Sollen die Signale radiometrischer Meßstrecken auf die durch Inhomogenitäten des Meßgutes verursachten Meßfehler korrigiert werden, muß der Parameter γ parallel ermittelt werden. Das ist mit der in Abb. 2 dargestellten Meßanordnung möglich. Dabei handelt es sich um eine γ-Strahlungs-Transmissionsmeßstrecke mit engem Strahlenbündel. Der Durchmesser der Kollimatoren an Quelle und Detektor muß deutlich kleiner als der Durchmesser der Körner des Meßgutes sein und die Meßzeit des Zählers muß so kurz gewählt werden, daß sich das Transportband um nicht mehr als ca. 1 Kollimatordurchmesser während einer Messung bewegt. Dadurch wird erreicht, daß das Ergebnis jeder einzelnen Messung ein Maß für die Schwächung der Quantenstrahlung an einem bestimmten Punkt ist und nicht ein Mittelwert über einen größeren Bereich der Probe. Wegen der erforderlichen kurzen Meßzeiten und der daraus resultierenden geringen Impulszahl bei einer einzelnen Messung ist ein besonderes Auswerteverfahren erforderlich. Zunächst wird die Messung sehr oft wiederholt (z. B. 10^4mal). Aus den gewonnenen Impulszahlen wird im Rechner die Impulszahlhäufigkeitsverteilung bestimmt. Diese ist die Realisierung einer zusammengesetzten *Poisson*-Verteilung, die durch folgende Gleichung beschrieben wird:

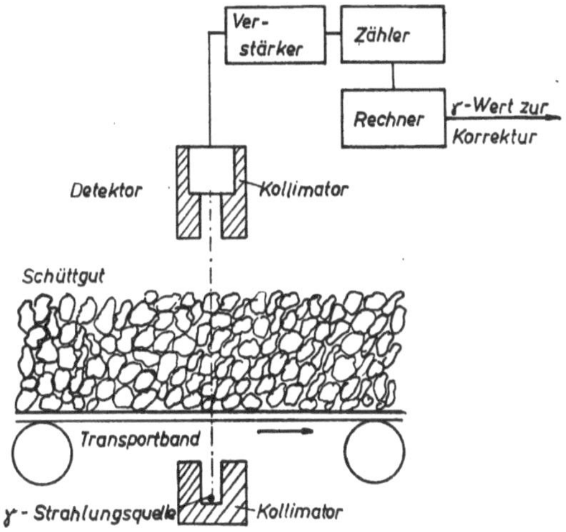

Abb. 2. Meßanordnung zur Bestimmung des Parameters γ

$$w(k) = \int\limits_{\lambda=0}^{\infty} \frac{\lambda^k}{k!} e^{-\lambda} \cdot f(\lambda) \, d\lambda$$

$w(k)$ Wahrscheinlichkeit des Auftretens von k Impulsen bei einer Messung
λ Mittelwert der *Poisson*-Verteilung
$f(\lambda)$ Wahrscheinlichkeitsfunktion von λ

Die Funktion $f(\lambda)$ wird aus der Impulszahlhäufigkeitsverteilung nach dem in [1] beschriebenen Verfahren berechnet. $f(\lambda)$ ist mit der Wahrscheinlichkeitsfunktion $H(\mu\varrho x)$ auf folgende Weise verknüpft:

$$H(\mu\varrho x) = f(I_0 e^{-\mu\varrho x}) \, I_0 e^{-\mu\varrho x}$$

Aus Mittelwert und Standardabweichung des Produktes $\mu\varrho x$ kann dann der Parameter γ nach

$$\gamma = \frac{\sigma}{\sqrt{(\mu\varrho x)_0}}$$

berechnet werden. Damit ist eine Korrektur radiometrischer Meßsignale nach den oben angegebenen Abhängigkeiten oder durch eine Ausgleichsrechnung möglich.

Eingegangen am 22. 8. 1983

Literatur

[1] *M. Greenwood, G. U. Yule*, J. Royal Statist. Soc. 83 (1920) 255

Isotopenpraxis 20 (1984) 10, S. 388 bis 391

Autoradiographic Investigations in the Field of the Production of Technical Carbon by the Aid of the Densitron II*

K. Wagner[1]), *H. Indorf*[1]), *T. Grätsch*[2])

([1]) Institut für chemische Technologie der AdW der DDR, Berlin-Adlershof; [2]) VEB Elektrokohle Berlin-Lichtenberg)

For the quantitative evaluation of the concentration of labelled elements or components in the bulk or in surface layers of technical carbon counting methods of the radioactivity of the samples are applied, but they give no information about the spatial distribution within the sample. To solve such questions by the aid of the quantitative autoradiography blackening is divided into at least three ranges by the use of a densitron II and the parts of the ranges are measured. The values characterize the inhomogeneity of the mixture.

Zur Konzentrationsbestimmung von markierten Elementen und Komponenten im Volumen oder in Oberflächenschichten technischer Kohleprodukte verwenden wir Zählmethoden, die aber keine Information über die Verteilung in der Probe geben. Um solche Fragen zu beantworten, wurde unter Benutzung eines Densitron II die Schwärzung in mindestens drei Bereiche eingeteilt und die Schwärzungsanteile für diese Bereiche bestimmt. Diese Werte charakterisieren die Inhomogenität der Mischung.

Keywords

autoradiography; bromine 82; carbon; graphite; mixing; silicon carbides; spatial distribution

1. Introduction

Since many years for investigations in the field of technical carbon production, i. e. for the study of mixing processes, of the distribution of elements or components in the bulk or on the surface layers, the methods of radioactive labelling are used by us [1–3]. For quantitative evaluations of the concentration and distribution ("rough distribution") of labelled components counting methods of the radioactivity of the samples are applied, but they give no information about the spatial distribution within the sample ("fine distribution").

By the aid of the qualitative autoradiography of the samples in many cases we have got valuable further information about the fine distribution of the components, about the reduction of coke grains to smaller size, etc. For other purposes, especially wear studies, we have used a densitron II [7] since 1980 to evaluate autoradiographs quantitatively [4, 5] and thin layer chromatograms, too [6]. It is the aim of this paper to show the applicability of the densitron II for quantitative autoradiography in the case of mixing processes and for qualitative representation of some distribution effects in technical carbon products.

2. Quantitative evaluation of mixing processes

Mixing processes were studied by labelling one component with ^{82}Br and by taking samples of the mixture, e. g. as a function of mixing time. Seven or more samples were randomly taken from the mixture and formed to small tablets. By gamma scintillation counting the standard deviation of the counting rates per gram for each time was determined. It is a criterion of the quality of the mixture and normally it becomes smaller with increasing mixing time. We made contact autoradiographs of the flat surface of the tablets, too. In our contribution we show investigations in autoradiographs from silicon carbide samples out of industrial experiments of Elektrokohle-Lichtenberg, Berlin. We have labelled the binder, a mixture of tar and pitch. Here the first, second, and fifth series of 7 samples, i. e. the situation after 10, 20, and 65 minutes mixing time were evaluated (see [8], fig. 2).

The autoradiograph of each sample was reproduced on the color televisor screen at the same spot. The area of the spot was found out by a two color representation, it is constant for all samples. Preliminary tests showed, that for the given contrasts of our autoradiographs and the ability of differentiation of our densitron system a classification of the blackening into about three ranges would be suitable. So we have chosen the color violet for the background, white, green, and red for the sample and blue to fix an upper limit of the blackening. After we had fixed these conditions, we went two different experimental ways:

2.1. *First case of adjustment*

In a sample with strong contrasts a dark limit was indicated by some blue points, the connecting range (red) was chosen as a not too small part, then the central grey range followed (represented green on the screen), subsequently the range with the smallest radioactivity (white), and at last the background (violet). The autoradiographs of samples with a long mixing time (65 min), gave a nearly full green representation with this adjustment.

One of these autoradiographs was used as a reference sample. We found out, that the recalibration in the case of uncontrolled instrumental changes caused by electrical, electronical, optical or other effects was possible quickly and correctly. If the densitron works one hour or longer, only unimportant recalibrations are necessary.

*) Presented at the 13th „International Symposium on Autoradiography" at Tâbor (ČSSR), May 3–5, 1983.

Addresses: [1]) 1199 Berlin-Adlershof, Rudower Chaussee 5; [2]) 1130 Berlin-Lichtenberg Herzbergstr. 128–139

Tab. 1. Mixing investigations by quantitative autoradiography with a densitron II, adjustment 1

mixing time min	sample No.	violet $B < 0·21$ A, %	white $0·21 < B < 0·29$ A, %	P	green $0·29 < B < 0·40$ A, %	P	red $0·40 < B < 0·75$ A, %	P	P_b	s,%
10	1	0	3·9	3·2	63·4	174	32·7	243	420	
	2	13·7	7·3	5·1	69·1	165	9·9	63	233	
	3	0	8·6	6·2	81·4	201	10·0	66	273	
	4	0·3	7·2	5·1	81·2	200	11·2	71	276	
	5	65·3	9·7	6·6	24·6	55	0·4	3	65	
	6	50·6	8·2	5·6	35·9	83	5·3	33	122	
	7	14·6	8·4	5·8	61·2	153	15·8	105	264	
$\bar{A}, \bar{P}_b$		20·6	7·6		59·6		12·2		236	48·9
20	1	0	4·1	2·9	95·8	225	0·1	0·7	228	
	2	0	5·2	3·6	94·8	222	0	0	226	
	3	6·6	10·8	7·6	82·0	194	0·6	4·0	206	
	4	14·2	12·8	9·2	72·9	177	0·1	0·7	187	
	5	1·1	5·6	3·8	91·3	211	2·0	12·0	227	
	6	2·9	6·2	4·2	90·5	208	0·4	2·6	215	
	7	24·7	18·7	14	56·5	143	0·1	0·4	157	
$\bar{A}, \bar{P}_b$		7·1	9·1		83·3		0·5		206	12·8
65	1	5·0	6·7	4·6	88·2	204	0·1	0·4	209	
	2	6·9	9·0	6·2	84·1	196	0	0	202	
	3	5·2	5·9	4·0+	88·9	203	0	0	207	
	4	2·0	6·0	4·1	92·0	212	0	0	216	
	5	7·2	8·8	6·1	84·0	196	0	0	202	
	6	15·2	11·5	8·2	73·3	176	0	0	184	
	7	11·6	7·8	5·4	80·6	189	0	0	194	
$\bar{A}, \bar{P}_b$		7·6	8·0		84·4		0	0	202	5·2

By comparison with objects of known blackening values the colors were calibrated quantitatively. After background subtraction we got over a summation of the products of the area and the blackening for each color characteristic values P_b for the blackening of the samples. The average $\bar{P}_b$ of the seven values P_b from one mixing time was calculated and the standard deviations, too. By scintillation counting of samples we got the standard deviations in other investigations in an analogous way. The measuring procedure for one series of seven samples took about 25 min, the calculations about the same time. In the case described here, with autoradiographs ready for investigations and 3 series to be evaluated, 2·5 h were necessary from the start of the densitron measurements to the end of the calculations. This time is comparable with the scintillation counting of the same samples. The densitron device in our laboratory is equipped for computer coupling, which we will use after we shall have procured the software and the interface.

Tab. 1 shows the results. The table contains the blackening ranges B_{min} to B_{max} for the different colors, their areas A in % of the area of the tablet, and the product P of $\bar{B}$ and A. $\bar{B}$ is the average of B_{min} and B_{max} for each color with a background correction. These products P are approximately proportional to the radiation dose absorbed by the part of the autoradiograph concerned. The sum of all P of one tablet is the already mentioned P_b, an equivalent for the radioactivity of the tablet. The arithmetic mean for the values A of one color and one series is $\bar{A}$ and for the values P_b it is $\bar{P}_b$, respectively. An important value is the standard deviation s (%) of the values P_b.

The results show the following:

- The samples on the screen give not only red, green, and white, but also violet parts. That means, there are ranges within these samples nearly free from radioactivity.
- The standard deviation s is decreasing very important with increasing mixing time, indicating a good mixing effect.
- $\bar{P}_b$ ought to be constant for pure random (statistical) sampling conditions. The main deviation from such conditions is the small number of samples.
- Full homogeneity would bring 100% of the area into a very small blackening range, and the standard deviation would diminish against zero. That is realized in the tendency, but not exactly. Of course, even in the case of ideally statistical distribution of the components in the mixture there remains a heterogeneity caused by the particle size.
- For the comparison of mixing effects all values listed in table 1 are useful.

2.2. *Second case of adjustement*

In the second case of adjustment the sequence of the steps was changed. Although, for the background the color violet (blackening smaller than 0·18) and for the upper limit of blackening blue (B higher than 0·72) were assigned like in chapter 2·1., the intervall was parted equally to the colors white (0·18 to 0·36), green (0·36 to 0·54), and red (0·54 to 0·72) by the aid of calibration samples with known blackening. Then the colors of the samples are presumed

Tab. 2. Mixing investigations by quantitative autoradiography with a densitron II, adjustment 2

mixing time min	sample No.	violet $B < 0.18$ A, %	white $0.18 < B < 0.36$ A, %	P	green $0.36 < B < 0.54$ A, %	P	red $0.54 < B < 0.72$ A, %	P	P_b	s, %
10	1	0	79.1	136	18.9	97	2.0	17	250	
	2	0	94.2	162	5.7	30	0.3	2	194	
	3	0	95.2	163	4.8	25	0	0	188	
	4	0	94.1	161	5.6	29	0.3	2	192	
	5	51.2	48.7	84	0.1	0	0	0	84	
	6	42.3	56.2	96	1.5	8	0	0	104	
	7	1.2	90.2	152	8.3	43	0.3	2	197	
$\bar{A}$, $\bar{P}_b$		13.5	79.7		6.4		0.4		173	33.6
20	1	2.2	97.8	168	0	0	0	0	168	
	2	3.1	96.9	166	0	0	0	0	166	
	3	8.0	92.0	158	0	0	0	0	158	
	4	10.3	89.7	154	0	0	0	0	154	
	5	2.0	97.4	167	0.6	3	0	0	170	
	6	4.5	95.5	164	0	0	0	0	164	
	7	10.8	89.2	153	0	0	0	0	153	
$\bar{A}$, $\bar{P}_b$		5.8	94.1		0.1		0		162	4.2
65	1	8.4	91.6	157	0	0	0	0	157	
	2	8.8	91.2	156	0	0	0	0	156	
	3	7.3	92.7	159	0	0	0	0	159	
	4	5.2	94.8	163	0	0	0	0	163	
	5	7.7	92.3	158	0	0	0	0	158	
	6	11.6	88.4	152	0	0	0	0	152	
	7	8.3	91.7	157	0	0	0	0	157	
$\bar{A}$, $\bar{P}_b$		8.2	91.8		0		0		157	2.1

Tab. 3. Comparison of quantitative homogeneity investigations by the aid of scintillation counting and autoradiography methods

method	mixing time min			A, %		$\bar{P}_b$	s, %
scint.	10						17.9
	20						7.9
	65						2.6
autoradio-graphy Tab. 1		violet $B < 0.21$	white 0.21 to 0.29	green 0.29 to 0.40	red 0.40 to 0.75		
	10	20.6	7.6	59.6	12.2	236	48.9
	20	7.1	9.1	83.3	0.5	206	12.8
	65	7.6	8.0	84.4	0.0	202	5.2
Tab. 2		violet $B < 0.18$	white 0.18 to 0.36	green 0.36 to 0.54	red 0.54 to 0.72		
	10	13.5	79.7	6.4	0.4	173	33.6
	20	5.8	94.1	0.1	0.0	162	4.2
	65	8.2	91.8	0.0	0.0	157	2.1

by this adjustment. The other steps were as described in 2.1. Tab. 2 shows the results:

- The tendencies are the same as in Tab. 1
- $\bar{P}_b$ shows the same run in both tables
- There are ranges in the samples with not more blackening than the background and ranges which indicate increasing radioactivity by the white, green, and red color
- In contrary to Tab. 1 with increasing homogeneity not green, but white becomes the main color.

The comparison of the different ways of adjustment shows the limits of these methods of quantitative autoradiography: Presuming very small blackening ranges for each color we must find the values P_b, $\overline{P}_b$, and the standard deviation equally for both methods. Actually there are differences in our results, because the ranges are broad and differently parted. To use smaller ranges was not helpful in our experiments, some systematic errors, inhomogeneities on the screen for a homogeneous object, gave too strong effects. On the other hand, the possibility of free election of the position and width of the color ranges is a great advance of the densitron system.

2.3. *Comparison of the evaluations of homogeneity by the aid of the densitron and scintillation counting*

In Tab. 3 all evaluation results for the samples are compiled and show the following:

– Quantitative autoradiography gives other standard deviations s than scintillation counting. Scintillation counting of gamma radiation concerns the full sample, autoradiography primarily the beta radiation of a layer, i. e. only of a part of the sample. The smaller the volume included into the measurement, the stronger the heterogeneity must protrude. So the adjustment 1 (chapter 2.1.) has given more correct results than adjustment 2 (chapter 2.2.).

– Quantitative autoradiography allows not only the evaluation of the bulk radioactivity of a sample – scintillation counting is suitable only for this purpose – but also the evaluation of partial volumes with different concentrations of the labelled component, in the autoradiograph shares of areas with different blackenings. So the fine distribution within a sample can be estimated, and it becomes possible, e. g. to distinguish in the case of identical radioactivity of two samples, whether there is only a small range or a broad scattering of the blackening.

– All these digitalized data can be recorded, and so a comparing of quantitative results of autoradiography is possible over optionally long storing periods.

– These possibilities are important not only for the autoradiography, but also for other methods of image analysis. In many cases, e. g. in the cristallography, the shares of areas with special light emission (or reflection) are of interest and can be found out.

– The comparison of both the adjustments of our densitron experiments (chapter 2.1. and 2.2.) gives us more precise information than one adjustment alone about the blackening distribution. So the blackening range for good distribution and homogeneity is according to adjustment 1 higher than 0·29 and according to adjustment 2 smaller than 0·36.

– A disadvantage of autoradiographic methods in comparison to counting methods like scintillation counting is the possibility of falsifications and mistakes from the phototechnical part of the work, e.g. artefacts. However, if these errors can be localized on the autoradiograph, it is possible to eliminate these areas on the televisor screen.

3. Some remarks on the qualitative autoradiography with the densitron

In black and white reproduction often the interesting details are not remarkably elaborated, especially if they show only little contrast to the surrounding. Two examples are described here from the technical carbon production. Firstly, in rolling processes of plastic silicon carbide material the binder was labelled by ^{82}Br. Autoradiographs of the rolled surfaces indicated local excesses of the binder in the form of dark stripes. In color reproduction the contrast is far better to be seen than in black and white. Secondly, in a piece of high purity graphite impurities were neutronactivated. A cross section showed by the aid of an autoradiograph, that the impurities are enriched near the surface. The maximum blackening and the blackening distribution is shown better by a densitron false color reproduction than in black and white. But in these cases, too, a better resolution and sharpness in the demarcation between neighboured blackening ranges would be desirable.

4. Final remarks

Fast working image evaluation systems like the densitron are a most important presumption for a broader application of quantitative autoradiography and for other fields of scientific or technical research. For our investigations in the technical carbon production there is no method which could substitute autoradiography.

Acknowledgements: The authors are greatly indebted to Mr. *K.-H. Gabriel* and Mr. *J. Franke* for their assistence in the experimental work.

Received July 7, 1983
Accepted in revised form September 28, 1983

References

[1] *K. Wagner, J. Legler, R. Müller, W. Hulh*, Kernenergie 8 (1965) 185
[2] *K. Wagner, H. Gaedike, R. Müller, R. Lenz, W. Joachim*, Isotopenpraxis 3 (1967) 406
[3] *L. Buchmann, T. Grätsch, K. Wagner*, Isotopenpraxis 19 (1983) 166
[4] *K. Wagner, R. Langenstraßen, S. Ludwig, M. Menzel*, Schmierungstechnik 12 (1981) 74
[5] *K. Wagner, H. Gaedike, R. Langenstraßen*, XII. International Symposium on Autoradiography, Harkany, Hungary, 26. bis 29. 5. 1981
[6] *S. Hummel*, short communication, Zeitschrift für Chemie 24 (1984) 38
[7] *G. Hartmann, K. Freyer, H. Baumbach, K. Renker*, Gerätesystem Densitron, DDR WP 102 894 (13. 9. 73)
[8] *K. Wagner, F. Brutschin, I. Ritter, T. Grätsch, H. Zimmermann, H. Ebert*, Isotopenpraxis 15 (1979) 240

Isotopenpraxis **20** (1984) 10, S. 392 bis 394

Kurze Originalmitteilungen
Automatisierter Probenwechsler zur Messung von β-Aktivitäten

W. Birkholz

(Akademie der Wissenschaften der DDR, Zentralinstitut für Isotopen- und Strahlenforschung)[1])

Keywords

counting techniques; decay; diagrams; radioactivity; tracer techniques

1. Einleitung

Die Identifizierung verschiedener radioaktiver Nuklide mit unterschiedlichen Halbwertszeiten in einer Probe kann mittels Aufnahme von Abklingkurven erfolgen, insbesondere wenn diese Nuklide keine γ-Strahlung emittieren, z. B. ^{32}P, und γ-spektrometrische Messungen ausscheiden. Dazu ist die Abnahme der Aktivität der Probe über einen längeren Zeitraum (3 – 4 Halbwertszeiten) zu verfolgen.

Moderne Kernstrahlungsmeßgeräte gestatten automatische Wiederholungsmessungen nach einer vorwählbaren Pausenzeit. Bei tracertechnischen Untersuchungen müssen in der Regel mehrere Parallelproben untersucht werden, um sichere Aussagen über den Ablauf der interessierenden Prozesse zu gewinnen. Das erfordert den Aufbau mehrerer gleichartiger Kernstrahlungsmeßplätze oder zeitraubende Wiederholungen der Experimente. Probenwechsler, die Wiederholungsmessungen an einer Probenserie gestatten, stehen in der DDR z. Zt. kommerziell nicht zur Verfügung. Ein automatischer Probenwechsler wurde im ZfI auf der Basis eines Kernstrahlungsmeßplatzes vom VEB Robotron Meßelektronik „Otto Schön" Dresden mit dem Untersatz für den Handprobenwechsler VA-H-160 aufgebaut.

2. Gerätebeschreibung

Der Untersatz VA-H-160 kann in Verbindung mit dem Abschirmelement VA-H-170, mit dem Gasdurchflußzählrohr VA-Z-530, den Szintillationssonden VA-S-971, VA-S-961 und der Zählrohrsonde VA-H-262 eingesetzt werden. Eine handbediente Probenwechselmechanik für drei Proben gestattet das licht- und gasdichte Einschleusen der Proben in den empfindlichen Bereich des Strahlungsempfängers. Die Probenwechselmechanik besteht aus zwei Stahlplatten, deren obere feststehende eine Aussparung zum Einsetzen der Probe außerhalb des Untersatzes und eine Aussparung unter dem Meßkopf besitzt. Die untere, drehbare Platte hat drei Vertiefungen zur Aufnahme der Proben.

Zum Aufbau des automatischen Probenwechslers wurden diese beiden Stahlplatten durch Piacrylplatten ersetzt. Die bewegliche Platte erhielt Aussparungen für sechs Proben. Sie wird mit einem Schrittmotor über ein Getriebe angetrieben. Zur Positionierung wird ein Schlitzinitiator verwendet.

Abb. 1 zeigt den modifizierten Untersatz VA-H-160 nach Abnahme der Motorverkleidung mit der zugehörigen Steuerung.

Die Abschirmung des empfindlichen Volumens der zu messenden Proben gegenüber den benachbarten Proben ist für die anstehenden Aufgaben (Messung geringer β-Aktivitäten) ausreichend. Zur Verringerung der notwendigen Motorkraft zum Antrieb der unteren Platte wurde auf einen gasdichten Probentransport verzichtet.

Zur Bestimmung der Beeinflussung der Messungen durch die Proben in benachbarten Probenaufnahmen wurde der Nulleffekt sowie der Nulleffekt einer Probenaufnahme bei Beladung benachbarter Probenaufnahmen mit Präparaten verschiedener Nuklide gemessen. Die Ergebnisse sind in Tab. 1 zusammengefaßt.

[1]) Anschrift: 7050 Leipzig, Permoserstraße 15

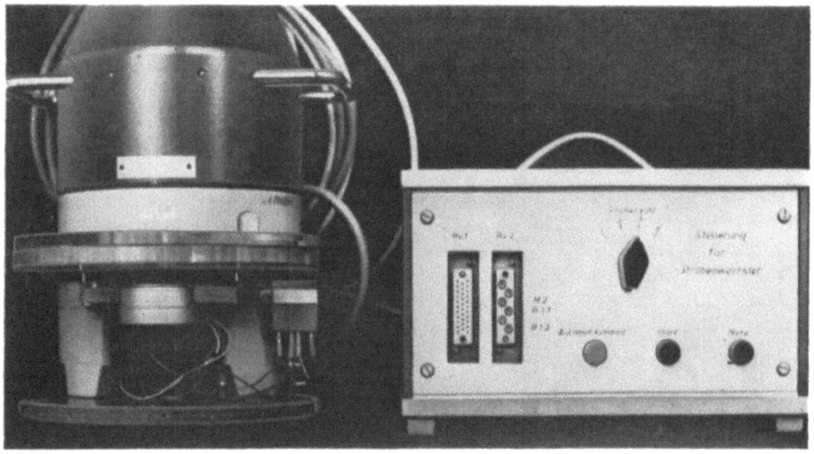

Abb. 1. Probenwechsler mit Steuerelektronik

Tab. 1. Nulleffekt im automatisierten Probenwechsler bei Beladung der benachbarten Probenaufnahmen mit verschiedenen Nukliden

z_0 = Zählrate der leeren Probenaufnahme
z_1, z_2 = Zählrate der Proben 1 und 2 verschiedener Nuklide ohne Nachbarn
Mittelwert aller Zählraten aus jeweils 10 Messungen

Nuklid	z_0, Imp./min	z_1, Imp./min	z_2, Imp./min
–	60	–	–
^{22}Na	341	11881	3873
^{32}P	105	27892	27802
^{60}Co	2649	36545	1168
^{133}Ba	225	4520	1072
^{137}Cs	746	201163	12240
^{210}Pb	88	88295	36882
^{204}Tl	123	4775	3902

^{32}P: Probe 1: z_1 = 27892 Imp./min ohne Nachbarn
z_1 = 27936 Imp./min mit zwei benachbarten Proben ähnlicher Zählraten
z_1 = 100,16% von z_1

Die Abschirmung der Piacrylplatte ist für Nuklide mit geringer β-Energie bzw. Nuklide ohne γ-Strahlung ausreichend, z. B. erhöht sich die Zählrate für eine ^{32}P Probe bei zwei benachbarten Proben ähnlicher Zählraten nur um 0,16% (vgl. Tab. 1). Ist eine bessere Abschirmung erforderlich, muß die obere Piacrylscheibe durch eine Scheibe aus Stahl oder Blei ersetzt werden.

Zum automatischen Betreiben des Probenwechslers mit dem Meßplatz wurde ein Steuergerät entwickelt. Es gestattet die wiederholte Messung von wahlweise 1, 2, 3 oder 6 Proben (Schalter „Probenzahl"). Bei Umschaltung auf Handbetrieb ist ein Probenwechsel (z. B. zum Einlegen der Meßproben) unabhängig vom Meßgerät möglich. Bei Automatikbetrieb erfolgt die Verkettung mit dem Meßplatz über Standard-Interface SI 1.2.

Der Anschluß der Probenwechslersteuerung am Meßplatz ist in Abhängigkeit von der Meßaufgabe unterschiedlich.

2.1. *Messung mit Vorwahl der Wiederholungszeit*

Die Probenwechslersteuerung ist am „Sonderanschluß 2" des Meßplatzes anzuschließen. Am Impuls-Zeit-Zähler 51021 sind folgende Parameter einzustellen:

Betriebsart registrieren, Zeitvorwahl intern, Auswahl der Meßzeit, Einstellung der Wiederholungszeit.

Die Messung wird mit der Starttaste am Impuls-Zeit-Zähler gestartet. Das M2-Signal des Impuls-Zeit-Zählers startet nach Ablauf der Meßzeit den Drucker und den Probenwechsler. Nach Ablauf der Wiederholungszeit startet der Impuls-Zeit-Zähler die nächste Messung. Da dieser Start unabhängig von der Arbeit des Druckers und des Probenwechslers ist, muß die Wiederholungszeit mindestens so groß gewählt werden, daß innerhalb dieser Zeitspanne die Messung, die Registrierung des Ergebnisses und der Probenwechsel erfolgen können. In dieser Betriebsart ergeben sich definierte Meßpunktabstände. Sie ist geeignet z. B. zur Aufnahme von Abklingkurven.

2.2. *Messung in der Betriebsart „Probenwechsler"*

Die Probenwechslersteuerung ist am Anschluß „Probenwechsler" des Meßplatzes anzuschließen. Im Impuls-Zeit-Zähler sind die Betriebsart „Probenwechsler", Impuls- oder Zeitvorwahl intern, Vorwahl der Meßzeit oder Impulsanzahl einzustellen.

Die Messung wird mit der Starttaste des Impuls-Zeit-Zählers gestartet. Nach Ablauf der Meßzeit startet das M2-Signal des Zählers den Drucker, das M2-Signal des Druckers den Probenwechsler und der Probenwechsler wieder den Zähler.

In der Betriebsart „Probenwechsler" können am Impuls-Zeit-Zähler 1, 2 oder 5 Wiederholungsmessungen gewählt werden, d. h., es werden 1, 2 oder 5 Messungen einer Probe vorgenommen, bevor ein Probenwechsel ausgelöst wird. Jedes Zählergebnis wird dabei mit dem Drucker registriert.

Der Abstand zweier Messungen hängt in dieser Betriebsart von der Arbeitsdauer der einzelnen Geräte ab. In dieser Betriebsart können z. B. bis zu 6 Proben geringer Aktivität, d. h. mit langen Meßzeiten automatisch mit Wiederholung gemessen werden.

Abb. 2 zeigt den Kernstrahlungsmeßplatz mit automatischem Probenwechsler.

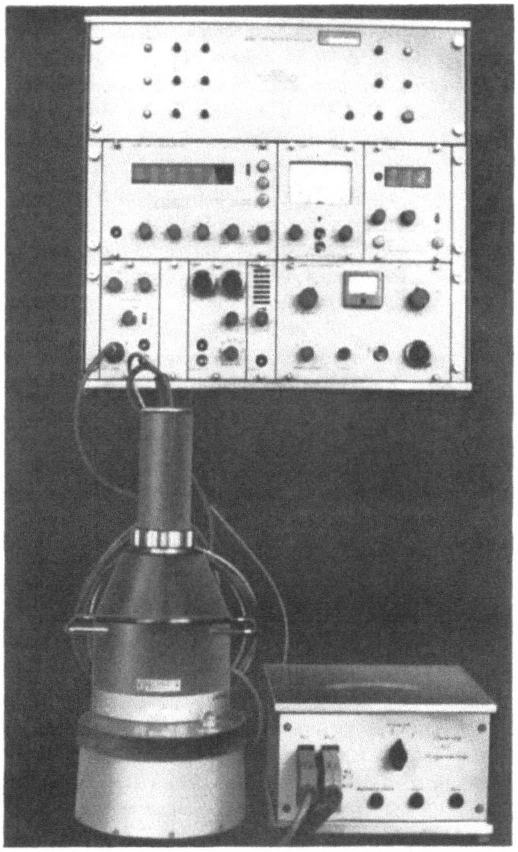

Abb. 2. Kernstrahlungsmeßplatz mit automatischem Probenwechsler

3. Zusammenfassung

Der beschriebene automatische Probenwechsler stellt eine Ergänzung der Strahlungsmeßgeräte des Erzeugnissystems „Analysen- und Strahlungsmeßtechnik" des VEB ROBOTRON Meßelektronik „Otto Schön" Dresden dar. Es trägt zur Rationalisierung der Laborarbeit bei und erlaubt das automatische Messen bis zu 6 Proben nach verschiedenen, vorwählbaren Meßprogrammen. Des weiteren gestattet er das automatische, wiederholte Messen mehrerer Proben mit einem Meßplatz über einen längeren Zeitraum, wofür sonst mehrere gleichartige Meßplätze benötigt würden.

Danksagung

Den Herren DI *J. Esche* und DI *P. Stöbe* möchte ich für den Bau der Steuerung und Herrn Mechanikermeister *H. Bär* für den Umbau des Handprobenwechslers danken.

Eingegangen am 22. 11. 1983

Isotopenpraxis 20 (1984) 10, S. 394 bis 396

Zur Iodverflüchtigung aus Kernbrennstofflösungen

G. Bernhard, O. Hladik

(Akademie der Wissenschaften der DDR, Zentralinstitut für Kernforschung, Rossendorf)[1])

Keywords

aluminium nitrates; distillation; evaporation; iodine; uranium

Bei der Auflösung kurzbestrahlter und kurzzeitig gekühlter Brennelemente ist die Rückhaltung des Radioiods ein äußerst wichtiges sicherheitstechnisches Kriterium.

Zum Zeitpunkt der chemischen Aufarbeitung eines 200 h bestrahlten aluminiumgemantelten Brennelementes innerhalb des AMOR-Prozesses [1] beträgt die Spaltiodkonzentration in der Kernbrennstoff-Spaltproduktlösung $3 \cdot 10^{-6}$ mol/l. Die ^{131}I-Aktivität ist ca. 650 Ci (24 TBq). Ausgehend von der chemischen Form des Radioiods ist das Verhalten der Iodaktivität im Gesamtverfahren ein wesentlicher Gesichtspunkt für die sicherheitstechnische Auslegung.

Auf der Grundlage von Modellversuchen soll das Verhalten der Iodspezies beim Löseprozeß untersucht und mit dem Verhalten des Radioiods in der AMOR verglichen werden. Es sind gleichzeitig Möglichkeiten einer destillativen Abreicherung des Radioiods zu prüfen.

Üblicherweise kann Radioiod aus Salpetersäurelösungen durch Zugabe von inaktivem Iod, in Form des Iodids, bis auf einen Restgehalt von $10^{-5}-10^{-6}$ M entfernt werden. Die in der Salpetersäure verbleibende Iodaktivität soll durch den gleichzeitigen Zusatz von Trägeriodid und H_2O_2 [2] bzw. O_3, N_2O_3 [3] bis auf einen Restgehalt von 10^{-10} M abgereichert werden können.

Versuchsdurchführung

Destillation

Die jeweilige Testlösung von 10 ml mit KI und ^{131}I-Aktivität wird bei $\geqq 100$ °C destilliert. Dabei wird das Destillationsvolumen durch kontinuierliche H_2O-Zugabe konstant gehalten. Nach jeweils 10 ml Destillat werden Aktivitätsmeßproben dem Destillat und dem Destillationskolben entnommen.

Die Abreicherung an ^{131}I ergibt sich zu:

$$A_1 = \frac{A_D}{A_D + A_K} \cdot 100\%$$

A_D = ^{131}I-Aktivität im Destillat, Bq
A_K = ^{131}I-Aktivität im Destillationskolben, Bq

Löseprozeß

Um eine gute Annäherung an die Auflösebedingungen der kurzbestrahlten Brennelemente [1] zu erreichen, wurde zur Auflösung inaktiver Brennelemente die entsprechende ^{131}I-Aktivität und die nötige Trägeriodidmenge in Aluminiumhülsen zugegeben.

Zur Auflösung eines vollständigen Brennelements werden ca. 20 l 6 N HNO_3 benötigt, deren Hg^{++}-Konzentration $1 \cdot 10^{-3}$ mol Hg/l beträgt. Das Blockschaltbild ist in Abb. 1 dargestellt. Die verflüchtigte Iodaktivität wird im Filter (4) zurückgehalten, während das Kondensat dem Löser wieder zuläuft. Über den Zeitraum des gesamten Löseprozesses erfolgt eine dreimalige Destillation des Flüssigkeitsvolumens.

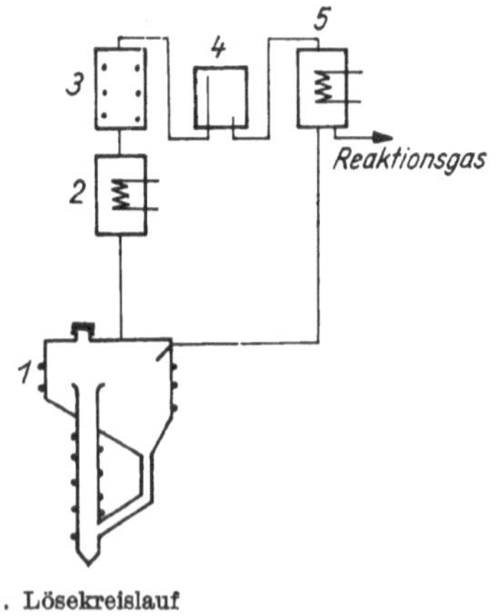

Abb. 1. Lösekreislauf

1 – Löser; 2 – Kühler; 3 – Überhitzer; 4 – Iodfilter; 5 – Kühler

Die im Löser nach dem Löseprozeß verbleibende Iodaktivität wird bestimmt. Die Iodabreicherung A_1 ergibt sich zu:

$$A_1 = \frac{A_L}{A_G} \cdot 100\%$$

A_L = ^{131}I-Aktivität im Löser nach Löseende, Bq
A_G = eingesetzte ^{131}I-Aktivität, Bq

[1]) Anschrift: 8051 Dresden, PF 19

Ergebnisse

Da die Auflösung aluminiumgemantelter Brennelemente quecksilberkatalysiert erfolgt, wurde die destillative Abreicherung des Iods ebenfalls aus quecksilberhaltigen Lösungen untersucht.

In Abb. 2 ist die destillative Iodabreicherung aus Iodid-Lösungen in Abhängigkeit von der Trägeriodidkonzentration dargestellt. Es ist zu ersehen, daß bei konstanter Lösungszusammensetzung die Verflüchtigung der Iodaktivität, die als I^- eingesetzt wurde, mit zunehmender Trägeriodidkonzentration ansteigt. Erst Iodidkonzentrationen $> 10^{-6}$ mol I/l bedingen eine deutliche destillative Abreicherung. Die Destillation ist als I_2 und HI möglich.

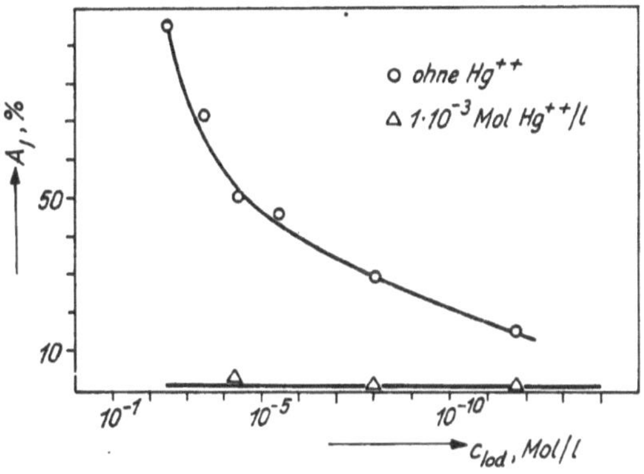

Abb. 2. Destillative Abreicherung des $^{131}I^-$ aus 6 M HNO_3 in Abhängigkeit von der Trägeriodidkonzentration

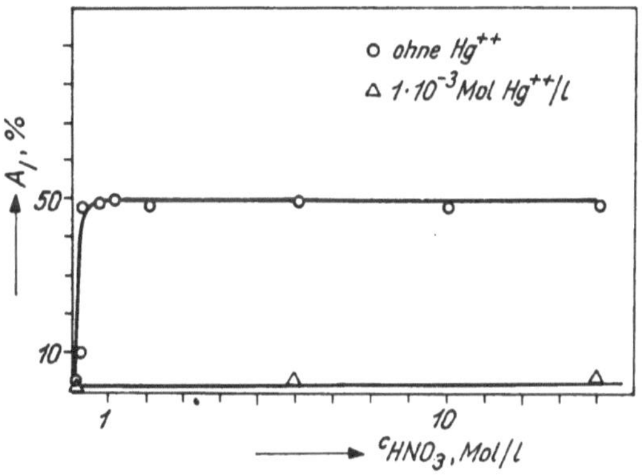

Abb. 3. Destillative Abreicherung des $^{131}I^-$ in Abhängigkeit von der Säurekonzentration bei einer Iodkonzentration von $6 \cdot 10^{-5}$ mol I^-/l

Aufgrund des äußerst geringen Löslichkeitsproduktes des HgI_2 [4] kommt es bei Anwesenheit von Hg^{++}-Ionen auch im radiochemischen Konzentrationsbereich zu einer Beeinflussung der Iodverflüchtigung. Versuche ergaben, daß eine Quecksilberionenzugabe die Abreicherung der Iodspezies I^- durch Destillation verringert, wenn das Löslichkeitsprodukt erreicht wird. Eine Wasserdampfdestillation des HgI_2 ist möglich, wenn die HgI_2-Konzentration die Löslichkeit in dem entsprechenden Medium übersteigt. So werden bei einer Hg^{++}-Konzentration von $1 \cdot 10^{-2}$ mol/l und einer I^--Konzentration $2 \cdot 10^{-2}$ mol/l aus 1,5 N $Al(NO_3)_3$-Lösung 83% des vorhandenen Iods destilliert. Liegt die radioaktive Iodspezies als $^{131}IO_3^-$ vor, werden unter vergleichbaren Bedingungen unabhängig von der Trägeriodatzugabe und dem Zusatz von Hg^{++}-Ionen $<10\%$ destilliert.

Abb. 3 zeigt die destillative Abreicherung des $^{131}I^-$ bei konstanter Trägeriodidkonzentration von $6 \cdot 10^{-5}$ mol I^-/l in Abhängigkeit von der Säurekonzentration. Werden bei dieser Trägeriodidkonzentration bis zu 0,1 N HNO_3 $<10\%$ des Iods destilliert, sind es bei Säurekonzentrationen $> 0{,}2$ N 50%, wobei dieser Wert einen Grenzwert der Abreicherung bei Säurekonzentrationen von 1 – 14 N unter Versuchsbedingungen darstellt.

Vergleicht man die Abb. 2 und 3, ist augenscheinlich, daß die Isotopenverdünnung (Erhöhung der Trägeriodidkonzentration) den entscheidenden Einfluß auf die destillative Iodabreicherung für Säurekonzentrationen $> 0{,}2$ N hat. Die entsprechende Abhängigkeit beim Zusatz der angegebenen Hg^{++}-Konzentration ist nicht vorhanden. Ein gleicher Kurvenverlauf ergibt sich, wenn aus Kernbrennstofflösungen des ECH-1-Brennelementes der entsprechenden Acidität destilliert wird.

Zur Auflösung der ECH-1-Brennelemente in der Anlage beträgt die Hg^{++}-Konzentration ca. $1 \cdot 10^{-3}$ mol/l. Durch Tracerversuche wurde ermittelt, daß das zum Löseprozeß inaktiver Brennelemente zugegebene $^{131}I^-$ auch nach Löseende als I^- bzw. HgI_2 vorliegt, während zugegebenes $^{131}IO_3^-$ zu $^{131}I^-$ reduziert wird.

Bei der Auflösung 200 h bestrahlter ECH-1-Brennelemente ist sowohl I^- als auch IO_3^- nachweisbar, deren Mengenverhältnis sich mit den Lösebedingungen ändert. In der Regel beträgt der IO_3^--Anteil $\approx 5\%$. Die Analyse der Iodspezies erfolgte dünnschichtchromatographisch nach [5]. Im Unterschied zur destillativen Iodverflüchtigung bei Anwesenheit von Hg^{++}-Ionen, ist bei der Auflösung der Brennelemente zu berücksichtigen, daß zunächst die Hg^{++}-Ionen die Aluminiumoberfläche amalgamieren und somit die zur Iodidbindung erforderliche Hg^{++}-Ionenkonzentration erheblich herabgesetzt wird. Erst zu Reaktionsende wird das Amalgam rückgelöst und die Hg^{++}-Ionen können mit dem vorhandenen I^- reagieren. Beim Löseprozeß ist deshalb eine höhere Abreicherung von Radioiod gegenüber der destillativen Methode unter vergleichbaren Bedingungen (gleiche Hg^{++}- und I^--Konzentration) zu beobachten.

Bei den im AMOR-Prozeß ($c_{Hg^{++}} = 1 \cdot 10^{-3}$ mol/l, $c_{Iod} = 3 \cdot 10^{-6}$ mol/l) angewandten Lösebedingungen beträgt die auf dem Filter zurückgehaltene Iodaktivität 5 – 10% der Gesamtiodaktivität. Mit steigender Iodträgerkonzentration nimmt auch während des Löseprozesses die Iodabreicherung zu, wobei aber, gleiche Lösebedingungen vorausgesetzt, eine deutliche Abreicherung erst erfolgt, wenn das gebildete HgI_2 in einer Konzentration $>10^{-2}$ mol/l

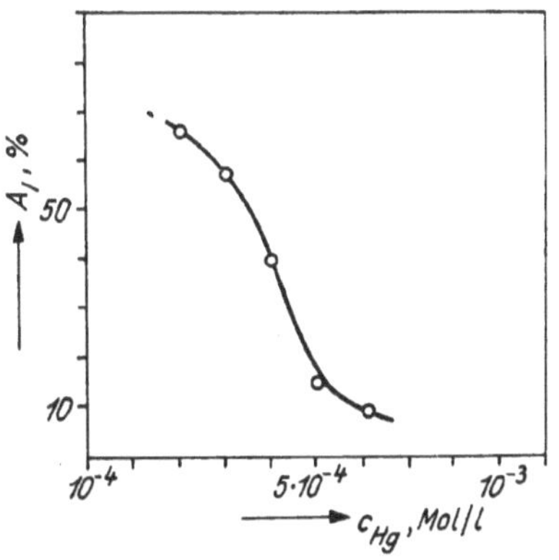

Abb. 4. Abhängigkeit der Abreicherung des Radioiods beim Löseprozeß von der Hg^{++}-Konzentration $C_{Iodid} = 8 \cdot 10^{-4}$ mol/l

vorliegt bzw. die I^--Konzentration weit überstöchiometrisch zur Bildung von HgI_2 zugegeben wird. Bei gleicher Iodidträgerkonzentration ist die Abreicherung des Radioiods vom Hg^{++}-Gehalt abhängig (Abb. 4).

Daß der Löseprozeß an sich (z. B. durch die Bildung von NO_x) keinen entscheidenden Einfluß auf die Iodabreicherung ausübt, beweist die Abreicherung von ca. 35% (vgl. Abb. 4), auch wenn erst nach erfolgtem Löseprozeß dem trägerfreien $^{131}I^-$ nun Träger ($8 \cdot 10^{-4}$ mol I^-/l bei $4 \cdot 10^{-4}$ mol Hg/l) zugesetzt und jetzt destilliert wird.

Diskussion

Neben dem Oxydationszustand und der Konzentration der Iodspezies hat vor allem die Anwesenheit von Hg^{++}-Ionen Einfluß auf die destillative Abreicherung von Radioiod. Die Auflösung aluminiumgemantelter Brennelemente erfolgt quecksilberkatalysiert.

Unter den Bedingungen des AMOR-Prozesses (Radioiodkonzentration $3 \cdot 10^{-5}$ mol/l, Hg^{++}-Konzentration ca. $1 \cdot 10^{-3}$ mol/l) werden während des Löseprozesses ca. 5 bis 10% der Radioiodaktivität verflüchtigt. Die Hauptmenge des Spaltiods befindet sich als I^- und IO_3^- in der Kernbrennstoff-Spaltproduktlösung. Aus entsprechenden Kernbrennstoff-Spaltproduktlösungen ohne Hg^{++}-Ionen konnten unter diesen Bedingungen ca. 50% des Radioiods verflüchtigt werden. Von einer Halogenidträgerung zur Iodabreicherung während der Lösephase im AMOR-Verfahren ist, bei Verwendung von Edelstahlapparaturen, aus Korrosionsgründen abzusehen.

Da im AMOR-Prozeß mehr als 90% des Spaltiodes in der Kernbrennstofflösung verbleibt, ist bei der Abtrennung des $^{99}MoO_4^{2-}$ an Al_2O_3 besonderes Augenmerk auf das Verhalten der Iodspezies (I^-, IO_3^-) an diesem Anionenaustauscher zu legen.

Des weiteren muß die Entlüftung aller Lagerbehälter über Iodsicherheitsfilter erfolgen.

Eingegangen am 16. 11. 1983

Literatur

[1] *G. Bernhard, W. Boeßler, O. Hladik, R. Schwarzbach*, Kernenergie 27 (1984) 27
[2] *G. I. Cathers, C. J. Shipmann*, US P. 396 336 (1973)
[3] *G. I. Cathers, C. J. Shipmann*, BRD-OS 2 363 273 (1973)
[4] *M. S. Sherrill*, Z. phys. Chem. 43 (1903) 705
[5] *G. De Salaz, J. Alvarez, A. Milta*, Radiochemica Acta 17 (1972) 58

Isotopenpraxis 20 (1984) 10, S. 396 bis 397

Tagungsberichte

16. Internationales Symposium „Strahlenschutzphysik" vom 6. bis 9. März 1984 in Dresden

In der Zeit vom 6. bis 9. März 1984 fand in Dresden das 16. Internationale Symposium „Strahlenschutzphysik" statt. An diesem Symposium, das vom Wissenschaftsbereich Strahlenschutzphysik der Sektion Physik der TU Dresden veranstaltet wurde, nahmen Wissenschaftler aus 6 sozialistischen Ländern (UdSSR, ČSSR, VR Polen, VR Ungarn, SFRJ und DDR) von insgesamt 29 Institutionen teil. Die in 4 Themenkomplexe gegliederten 38 Vorträge (Fortschrittsberichte, Forschungsberichte) behandelten neue Forschungsergebnisse und Entwicklungstendenzen auf dem Gebiet der Strahlenschutzphysik sowie Empfehlungen internationaler Organisationen.

Der erste Themenkomplex beschäftigte sich mit allgemeinen Fragen der Strahlenschutzphysik und der Meßtechnik im Strahlenschutz. *B. Dörschel* (DDR/Dresden) gab einen Überblick über den „UNSCEAR Report 1982 zu Strahlengrenzwerten und Dosiswerten von unterschiedlichen Quellen ionisierender Strahlung". Anschließend stellte *V. Aleinikov* (IAEA/Wien) „Aktivitäten der IAEA auf dem Gebiet des Strahlenschutzes" vor. *J. Jakeš* (ČSSR/Prag) u. a. behandelten in ihrem Vortrag die „Anwendung mikrodosimetrischer Größen im Strahlenschutz". „Umgebungsmessungen von Radon und seinen Zerfallsprodukten mit Spurdetektoren" wurden von *G. Somogyi* und *I. Hunyadi* (VR Ungarn/Debrecen) vorgestellt. *I. Nieviadomski* u. a. (VR Polen/Krakow) berichteten über „Die Erhöhung der natürlichen Strahlung und Populationsbestrahlung infolge der Aktivität von großen Stahlwerken". Ein Teil der Vorträge beschäftigte sich mit Problemen an Kernanlagen. *J. Singer* (ČSSR/Dubrovany) u. a. sprachen über „Die personendosimetrischen Methoden in den Kernkraftwerken in der Tschechoslovakei". Anschließend referierte *K. Konschak* (DDR/Zittau) zu „Die Strahlenbelastung am Zittauer Lehr- und Forschungsreaktor ZLFR während der ersten vier Betriebsjahre" und stellte die „Rekonstruktion des Strahlenmonitorsystems des Zittauer Lehr- und Forschungsreaktor ZLFR" vor. *A. Rimpler* (DDR/Berlin) und *K. Kneschke* (DDR/Rossendorf) berichteten über „Ergebnisse der Neutronen-Personendosimetrie am Forschungsreaktor des ZfK Rossendorf bei Berücksichtigung der realen Neutronenspektren". Der Vortrag von *J. Heřmanská* u. a. (ČSSR/Prag) beschäftigte sich mit der „Fehleranalyse der routinemäßigen Dosisäquivalentbestimmung mit Festkörperspurdetektoren", während *D. Nikodemova* u. a. (ČSSR/Bratislava) auf die „Anwendung von Albedodosimetern im Strahlenschutz" einging. Im anschließenden Vortrag berichtete *F. Spurný* (ČSSR/Prag) über Messungen der „Tiefendosis in Zyklotron-Neutronenbündeln mit Festkörperspurdetektoren und Ionisationskammern". Ein weiterer Teil dieses Themenkomplexes beschäftigte sich mit Strahlungsfeldproblemen. Einen Überblick über „Die Spektren der kosmischen Strahlung in bezug auf den Strahlenschutz" gab *D. Zappe* (DDR/Dresden), wobei er auch auf die bei Raumflügen erhaltenen Ergebnisse einging. *G. I. Britwich* (UdSSR/Serpuchov) stellte „Untersuchungen von Neutronenfeldern einer ^{252}Cf-Quelle in einem Drei-Sektionen-Betonlabyrinth" vor. Unter dem Thema „Ein Beitrag zur Bremsstrahlungs-Spektrometrie an Betatrons" berichteten *A. Hrabovcová* u. a. (ČSSR/Bratislava) über Ergebnisse von Spektrenmessungen mit HgI_2-Detektoren. Abschließend sprach *B. Lorenz* (DDR/Berlin) über „Strahlenschutzprobleme bei Hochflußneutronengeneratoren".

Der zweite Themenkomplex behandelte neue Trends der Meßtechnik im Strahlenschutz. Einleitend referierte *G. Pretzsch* (DDR/Dresden) zu der Problematik „Empfindlichkeit von Elektretionisationskammern für schnelle Neutronen". *B. Dörschel* und *G. Pretzsch* (DDR/Dresden) gingen anschließend auf Fragen der „Optimierung von Elektretionisationskammern für die Dosimetrie in gemischten Neutronen- und Gamma-Feldern" ein. „Halbleiterdetektoren für die klinische Dosimetrie" wurden im Vortrag von *R. Gießing* (DDR/Dresden) vorgestellt. *G. Streubel* u. a. (DDR/Dresden) berichteten über „Untersuchungen der dielektrischen Eigenschaften von MOS-Detektoren", während *I. Petr* (ČSSR/Prag) sich mit Fragen der „Dosisempfindlichkeit von MOS-Transistoren für Gamma- und Elektronenstrahlung" beschäftigte.

Der dritte Themenkomplex war der Problematik der Lumineszenzdosimetrie gewidmet. *J. Fellinger* u. a. (DDR/Dresden) gingen in ihrem Vortrag auf die „Berechnung und experimentelle Bestimmung der Empfindlichkeit von OSL-Detektoren mit wasserstoffhaltigen Radiatoren für schnelle Neutronen" ein. Ein „Neuer empfindlicher Thermolumineszenzdetektor auf der Grundlage von aniongestörtem Aluminiumoxid" wurde von *V. Gotlib* (UdSSR/Riga) vorgestellt. *K. Hübner* u. a. (DDR/Dresden) gaben einen Überblick über die „Experimentelle und theoretische Bestimmung der Empfindlichkeit von unterschiedlichen Radiator-Thermolumineszenzdetektor-Kombinationen für schnelle Neutronen". Unter dem Thema „Erhöhte Kernstrahlung von Kameralinsen" berichtete *M. Waligorski* u. a. (VR Polen/Krakow) über durchgeführte Messungen der aus Kameralinsen austretenden Kernstrahlung und zogen Schlußfolgerungen in bezug auf die dadurch hervorgerufene Strahlenbelastung.

Anschließend sprachen *J. Tronsil* u. a. (ČSSR/Prag) zu „Die Methode zur Erweiterung des Meßbereiches von TL-Detektoren bis zu einem Wert von kGy". *P. Sahre* (DDR/Rossendorf) und *J. Fellinger* (DDR/Dresden) beschäftigten sich in ihrem Vortrag mit der „Untersuchung der dosimetrischen Eigenschaften von $CaSO_4$:Dy – PTFE-Detektoren", während *M. Osvay* und *F. Golder* (VR Ungarn/Budapest) auf die „Untersuchung des Phototransfer in Al_2O_3" eingingen. Anschließend behandelten *E. Gühne* und *R. Kunze* (DDR/Berlin) den „Einfluß der Kapselung auf die Empfindlichkeit von CaF_2:Mn-PTFE-Dosimeter im Gamma-Strahlungsfeld des Primärkreislaufes eines Kernkraftwerkes. *K. Prokert* (DDR/Dresden) referierte über „Bestimmung von Verunreinigungen in TL-Phosphoren durch Neutronenaktivierungsanalyse". Am Ende dieses Themenkomplexes berichtete *E. Virágh* (VR Ungarn/Budapest) über die „Messung der Flußdichte thermischer Neutronen und der Gammadosisleistung in gemischten Strahlungsfeldern von Kernreaktoren mit ^{6}LiF- und CaF_2:Mn-TL-Detektoren".

Im vierten Themenkomplex waren Vorträge zur Thematik „Berechnungsmethoden im Strahlenschutz" zusammengefaßt. Einleitend sprach *I. S. Baishev* (UdSSR/Serpuchov) über „Differentielle Charakteristiken der Strahlung an großen Protonenbeschleunigern". *K.-H. Weber* (DDR/Dresden) zeigte mit dem Vortrag „Berechnung von Mittelwert und Streuung für Meßreihen mit teilweise außerhalb der Meßbereichsgrenzen liegenden Meßwerten", wie mit einfachen Mitteln der mathematischen Statistik Abschätzungen der Genauigkeit von Messungen durchgeführt werden können. Anschließend stellten *J. Henniger* (UdSSR/Dubna) und *K. Noak* (DDR/Rossendorf) ein Monte-Carlo-Rechenprogramm für „Gekoppelte Neutronen-Gamma-Transportberechnungen in ebenen Eisen- und Betonabschirmungen" und erste Ergebnisse für einfache homogene Abschirmungen vor. *P. Schwebbe* u. a. (DDR/Berlin) beschäftigten sich mit „Abschirmberechnungsverfahren in der Kernenergie". Im Vortrag „Anwendung eines Minirechners zur Erfassung und Verarbeitung von Gammastrahlungsspektren von einem oder mehreren Vielkanalanalysatoren" berichteten *A. Waligorski* und *P. Wasiolek* (VR Polen/Krakow) über eine automatisierte Auswertung von radioaktiven Proben, wobei direkt eine Nuklididentifizierung und Aktivitätsbestimmung erfolgt. *T. Porubski* (VR Ungarn/Budapest) behandelte die „Berechnung der Röntgenstrahlungsdosis als Funktion der Wellenform der Röntgenröhrenspannung". Abschließend stellten *D. Nikezic* und *P. Marković* (SFRJ/Kraguevać) „Ein Monte-Carlo-Programm für Dosisberechnungen in Gebäuden" vor.

Insgesamt kann festgestellt werden, daß das Vortragsprogramm des 16. Internationalen Symposiums „Strahlenschutzphysik" sowohl den Austausch modernster Forschungsergebnisse auf dem Gebiet des Strahlenschutzes im Rahmen des RGW gewährleistete als auch einen Überblick über neueste internationale Entwicklungstendenzen in der Strahlenschutzphysik gab. Darüber hinaus wurden Empfehlungen internationaler Organisationen diskutiert. Das 16. Internationale Symposium war durch ein hohes wissenschaftliches Niveau gekennzeichnet, was nicht zuletzt auf die große internationale Beteiligung zurückzuführen ist. Die stärkere Konzentration des Vortragsprogrammes auf Schwerpunkte hat sich bewährt und wird auch künftig beibehalten. Das 17. Internationale Symposium „Strahlenschutzphysik" wird voraussichtlich in der Zeit vom 4. bis 8. März 1985 in Gaußig (in der Nähe von Dresden) stattfinden. Die Veröffentlichung verschiedener Vorträge ist in einem Sonderheft und nachfolgenden Heften der Zeitschrift „Kernenergie" vorgesehen.

G. Streubel

Eingegangen am 4. 4. 1984

Isotopenpraxis 20 (1984) 10, S. 397 bis 400

Buchbesprechungen

Quantenstatistik dynamischer Prozesse
Band I: Generelle Aspekte

E. Fick, G. Sauermann. Leipzig: Akademische Verlagsgesellschaft Geest & Portig K.-G. 1983. 119 S., 26 Abb., 21 Aufgaben und Lösungen, 17 Lit.; kart. *M 24,–*

Die Methoden der statistischen Physik und ihre vielfältigen Anwendungen – speziell zur Beschreibung der Dynamik dissipativer Strukturen – haben sich in den letzten Jahren immer stärker entwickelt. Das vorliegende Buch trägt dieser Entwicklung Rechnung, indem es in klarer und übersichtlicher, didaktisch sehr geschickter Weise eine Reihe der wichtigsten Verfahren der Quantenstatistik irreversibler Prozesse behandelt.

Das erste kurze Kapitel erläutert das Konzept der statistischen Physik für reine Zustände und Gemische. Ihm schließt sich im zweiten Kapitel eine Darstellung der Quantentheorie in Kurzform an, in dem die verwendete Nomenklatur (Observablen, Operatoren, Vertauschungsrelationen, Erwartungswerte, statistische Operatoren) eingeführt wird. Anschließend wird (im 3. Kapitel) die Quantentheorie im Liouville-Raum bereitgestellt; im einzelnen werden der Liouville-Superoperator definiert, verschiedene Möglichkeiten der Beschreibung der quantentheoretischen Dynamik erläutert, die Beschreibung zusammengesetzter Systeme betrachtet und nützliche Operatoridentitäten angegeben. Die eigentliche statistische Beschreibung makroskopischer Systeme und deren Dynamik beginnt mit dem 4. Kapitel, in dem die zur Beschreibung von irreversiblen Prozessen in räumlich-inhomogenen Systemen benötigten mikroskopischen Dichten, entsprechende Korrelationsfunktionen sowie die zugehörigen makroskopischen Größen und deren zeitliche Entwicklung betrachtet werden. Für realistische Systeme werden Probleme der *Poincaré*schen Wiederkehrzeit, die für diese Systeme irrelevant groß ist, diskutiert. Zur quantitativen Beschreibung des Zeitverhaltens werden im 5. Kapitel nach dem Vorbild von *Shannon*, *Jaynes* und *Schwegler* statistische Operatoren informationstheoretisch eingeführt, die nach dem *Jaynes*schen Prinzip der maximalen Unschärfe als normierte Operatoren die Erwartungswerte mikroskopischer Observablen in einer bestimmten Beobachtungsebene beschreiben und als generalisierte kanonische statistische Operatoren bezeichnet werden können. Es werden Beispiele für diese Operatoren in verschiedenen Beobachtungsebenen angegeben. Im folgenden 6. Kapitel wird ihre Bedeutung bei der Beschreibung dynamischer Prozesse erörtert. Fragen zur Anfangspräparation und zum Zeitverhalten werden allgemein und an speziellen Beispielen dargestellt. Zur Herleitung makroskopischer Gleichungen wird ein allgemeines Konzept für eine Abbildung P der statistischen Operatoren auf einen relevanten Anteil zur Beschreibung der Erwartungswerte der Observablen verwendet. Als Spezialfall für die zeitliche Veränderung des statistischen Operators ergibt sich im Fall eines zeitunabhängigen Projektionsoperators P die Gleichung von *Nakajima* und *Zwanzig* und für zeitabhängige *Liouville*- und Projektionsoperatoren die nichtlineare, zeitlich nicht lokale Gleichung von *Robertson*. Diese Gleichung bildet einen Ausgangspunkt zur Herleitung von Gleichungen für die Dynamik von Erwartungswerten. Auf weitere Beschreibungsmöglichkeiten (*Zubarev*, *Ingarden*, *Kossakowski* u. a.) wird im Rahmen des ersten Bandes nicht eingegangen.

Schriftbild und Druck sind sehr übersichtlich. Das Buch ist auf einem hohen Niveau gehalten, so daß der Leserkreis aus interessierten Spezialisten bestehen wird. Die etwas knapp gehaltene Angabe von Literaturzitaten ist dadurch gerechtfertigt. Aufgaben und deren Lösungen runden den guten Gesamteindruck ab.

Verlag, Autoren und Leser sind zur Vorlage dieses Buches zu beglückwünschen. Mit Interesse darf dem Erscheinen des II. Bandes „Antwort- und Relaxationstheorie" entgegengesehen werden.

R. Haberlandt

Moleküle und Molekülanhäufungen
Eine Einführung in die physikalische Chemie

H.-D. Försterling u. H. Kuhn. Berlin—Heidelberg—New York: Springer-Verlag 1983. 369 S., 340 Abb., 42 Tab.; geb. DM 49.—

Physikalische Chemie, seit langem die theoretischen Grundlagen zur Beschreibung von Stoffzuständen und Stoffwandlungen bildend, hat als gesicherte Ausgangsbasis die Lehre von den Atomen und Molekülen. Es ist heute kaum vorstellbar und damit auch kaum nachvollziehbar, wie schwer man sich mit der Akzeptanz gerade dieser Grundlehre tat. Selbst *van't Hoff* hat mit seiner „La Chimie dans l'Espace", seiner „Lagerung der Atome im Raume", 1876 von *Hermann Kolbe* aus Leipzig den vollen Zorn für eine solche Dreistigkeit erfahren müssen. Und wenn die Chemiker mehr oder weniger bald die Atomlehre anerkannten, so haben Physiker noch bis zur Jahrhundertwende und einzelne darüber hinaus in streitbarer Weise die Lehre anerkannt oder rundweg abgelehnt.

Die vorliegende Einführung in die physikalische Chemie geht von der Atomphysik aus, begründet und beschreibt in moderner Art die Welle-Korpuskel-Dualität, die *Schrödinger*-Gleichung und wendet den erhaltenen Formalismus auf einzelne Atome und Moleküle an. Mit der Beschreibung des Aufbauprinzips des Periodensystems der Elemente, der Hybrid- und Molekülorbitale und der Anwendung der HMO-Theorie auf Moleküle mit Mehrfachbindungen endet der erste Hauptteil dieser Einführung (113 S.). Der zweite Hauptteil ist den Molekülanhäufungen gewidmet, mit der Thermodynamik als dem zentralen Lehrgebäude, flankiert von Wechselwirkungskräften in kondensierten Phasen, elektrochemischen Vorgängen und den Zeitgesetzen bei Stoffwandlungen, der chemischen Kinetik (S. 115—284). Daran schließen sich ein Rückblick und Ausblick sowie ein Anhang mit einigen mathematischen Ableitungen, die insbesondere einigen quantenmechanischen Rechnungsgängen und der statistischen Thermodynamik gewidmet sind, und einer ausführlichen Tabelle mit Standardwerten von Zustandsgrößen. Eigentlich ungewohnt, aber aus der Sicht der Autoren vollkommen verständlich, ist die in dem Rückblick und Ausblick zur Darstellung gebrachte Auffassung, daß auch die Erscheinung des Lebens als physikalisch-chemisches Phänomen betrachtet werden kann. Die Fragen nach dem Verständnis biologischer Vorgänge, die „sicher zu den wichtigsten Zukunftsaufgaben der physikalischen Chemie" gehören, werden aus gegenwärtiger Sicht und aus bekannter Sachkenntnis vorgestellt. Die Evolution als Lernprozeß, die Lernmechanismen und schließlich der Versuch einer Grenzziehung zwischen unseren Sinneseindrücken mit dem Zentralnervensystem und den Gesetzen der physikalischen Chemie wird angedeutet und läßt die künftigen aufregenden Erkenntnisse in dieser Hinsicht erahnen.

Jedes Kapitel wird mit einer Anzahl von interessanten Aufgaben abgeschlossen, dem Lernenden eine Bestätigung dafür, ob der vorhergehende Abschnitt auch verstanden wurde. Vielleicht wäre es ratsam, die Ergebnisse in einem Anhang zusammenzustellen, obwohl die Autoren ein gesondertes Lösungsheft mit ausführlichen Rechengängen anbieten, wie überhaupt alle Ableitungen sehr detailliert angeboten werden. So recht ein Lehrbuch für die Neulinge auf dem Gebiet der physikalischen Chemie; denn dieses Fachgebiet eröffnet den Zugang zu vielen anderen Wissenszweigen der Naturwissenschaften. Die schönen und so zahlreich eingestreuten Abbildungen ergänzen den dargebotenen Stoff vortrefflich. Es ist ein Gedankenspiel wert, ob der heilige Zorneseifer von *Hermann Kolbe* mit dieser Darstellung der Atom- und Molekühllehre besänftigt worden wäre; die Studenten der Gegenwart werden bestimmt überzeugt sein. *H. Hübner*

Solvatation, Ionic and Complex Formation Reactions in Non-Aqueous Solvents
Experimental Methods for their Investigation

K. Burger. Budapest: Akademiai Kiado 1983. 268 S., 17 Abb., 45 Tab., 927 Lit. (Studies in Analytical Chemistry 6) kart. Ft 240.—

Das Experimentieren in nichtwäßrigen Lösungen ist auch für den Radiochemiker eine durchaus übliche Arbeitstechnik geworden. Das gilt sowohl für die Bearbeitung analytischer Fragestellungen, etwa der Auftrennung komplexer Spurenelementgemische in der Aktivierungsanalyse, als auch für die präparative Trennung von Spaltprodukten bis hin zur technologischen Gestaltung solcher Prozesse. Um so nützlicher ist ein Buch, wie das vorliegende, das in reviewartiger Übersicht die theoretischen Grundlagen, die Meßtechnik und die Wechselwirkungseffekte zwischen Lösungsmittel und Komplexbildung zusammenfaßt. Entsprechend dieser Zielstellung ist der didaktische Aufbau des Buches mit folgenden Kapiteln

- Charakterisierung der Lösungsmittel
- Wechselwirkung zwischen Lösungsmittel und Gelöstem
- Donator-Akzeptor-Wechselwirkung
- Meßmethoden
- Wechselwirkung Lösungsmittel-Komplexstabilität
- Wechselbeziehung Lösungsmittel-Kinetik der Koordinationsreaktionen
- Charakterisierung nichtwäßriger Systeme
- Trendanalyse.

Für den Praktiker als nützliche Zutat sind im Kapitel 9 Angaben über Verunreinigungen und Reinigungsschritte für eine Vielzahl von Lösungsmittel zu finden. Schade, daß hier die sonst vorbildlich geführten Hinweise (927 Literaturhinweise; davon $<$1960: 124 Zitate, zwischen 1960—1969: 393 Zitate, zwischen 1970—1980: 370 Zitate und $>$1981: 40 Zitate) auf die Literatur fehlen.

Wer tiefer in das Verständnis der Wechselwirkungsmechanismen der Komplexbildungsvorgänge in nichtwäßrigen Medien eindringen will, um von der Empirie bei der Auswahl geeigneter Trennsysteme abzukommen, der sollte zu diesem Buch greifen. *J. Flachowsky*

Isotopeneffekte bei chemischen Reaktionen

A. V. Willi. Stuttgart—New York: Georg Thieme Verlag 1983. 180 S., 10 Abb., 40 Tab., geb. DM 80.—

Ein Zeitraum von 50 Jahren berechtigt nicht nur zu einer Rückschau, welche vielseitigen Anwendungsmöglichkeiten ein Effekt erfahren hat, sondern auch zu einem Überblick, einer ordnenden Darstellung und zu einem Ausblick, wo sich neue Horizonte zeigen und neue Anwendungsfelder entwickeln werden. Das schwere Wasser — vielen bekannt und oft in einem unrühmlichen Zusammenhang mit der Entwicklung der Atombombe erwähnt — hat eine solche 50jährige Geschichte hinter sich, und noch in den 30er Jahren wurden erste Schritte zum Verstehen der Ursachen unternommen, wie solche Isotopeneffekte, auch als Isotopieeffekte bezeichnet, zustande kommen und zur Isotopentrennung verwendet werden können. Den Durchbruch zu einer nahezu vollständigen Theorie der Isotopieeffekte (IE) brachten dann Ende der 40er Jahre die Arbeiten von *H. C. Urey* und vor allem von *J. Bigeleisen* und *M. G. Mayer*. 1958 erschien dann eine erste klassische Übersichtsarbeit von *J. Bigeleisen* und *M. Wolfsberg*, an der kein Nutzer der Theorie der IE vorübergehen kann. Seither ist eine kaum zu überschauende Flut von Arbeiten über die Anwendung der IE, also der Messung und Interpretation des unterschiedlichen physikalischen, physikalisch-chemischen, biologischen u. a. Verhaltens der Isotope erschienen. Der Autor dieser Monographie, selbst in der Literatur häufig anzutreffen, hat sich der Mühe unterzogen, das vielschichtige Bild der IE bei chemischenReaktionen darzustellen und dem Chemiker näherzubringen.

Die Einteilung des Buches ist in der zu erwartenden üblichen Weise gewählt: ein Kapitel über den theoretischen Hintergrund der IE (31 S.), ein Kapitel über thermodynamische oder Gleichgewichts-IE (GIE) (30 S.) und ein Kapitel über kinetische IE (KIE), das — wenn man so will — zweigeteilt ist in ein Kapitel KIE und Mechanismus (75 S.) und in ein Kapitel KIE und Übergangszustand (23 S.). Zwei Anhänge, ein Literatur- und ein Sachverzeichnis, schließen das Buch ab. Es wird immer die einsame Entscheidung eines Autors sein, wie eine solche Disposition — oder auch eine andere — mit didaktisch ausgewählten und überzeugenden Beispielen auszufüllen ist. Zu knapp wählt der Autor die Beispiele zu den GIE, so daß keinerlei Hinweise über Verdampfungs-IE des Wassers (Isotopenhydrologie) Erwähnung gefunden haben, ganz abgesehen von dem unterschiedlichen Verhalten der isotopomeren Methan-, Ethan- oder Ethen-Moleküle bei der Verdampfung. Sehr inkonsequent und sorglos wird die Nomenklatur der IE angewendet: Es gibt zwar Kohlenstoff-KIE oder Wasserstoff-KIE, aber doch wohl keine Kohlenstoff-13-KIE oder C-14-KIE (S. 86). Bei tri- und polynuklidischen Elementen (H, C, O, S, u. a.) meint man doch den entsprechenden Effekt in bezug auf ein Nuklid der Elemente (C-14, S-34, O-18 u. a.). Es gibt einen ^{18}O-Austausch (übrigens keinen ^{18}Sauerstoffaustausch — S. 41) und einen Sauerstoff-Isotopenaustausch, aber keinen Sauerstoffaustausch (S. 126). Oder Azo-bis-isobutyronitril (S. 132) und Bisazoisobutyronitril (S. 134) usw usw. Nicht behandelt werden die monomolekularen Reaktionen (beispielsweise Methyl- und Trifluormethylradikalreaktionen mit H_2 bzw. D_2), die großen KIE des Wasserstoffs bei [1,n]-sigmatropen Umwandlungen, die Untersuchungen von Sauerstoff-GIE an Komplexen durch *H. Taube* (Nobelpreisträger 1983), Wasserstoff-KIE bei Autoxydationsreaktionen und alle enzymkatalysierten Reaktionen, wie sie gerade in den letzten Jahren so erfolgreich angegangen werden. Bei der Theorie der IE ist nichts erwähnt von der störungstheoretischen Behandlung durch *M. Wolfsberg* (1975) oder von den ab-initio-Berechnungen von Kraftkonstanten. Auch die halbempirischen Berechnungsmöglichkeiten von IE durch MO-Verfahren (MINDO/3 und MNDO), wie sie gerade dem Organiker sehr entgegenkommen, sind nicht aufgeführt, abgesehen von den Monte-Carlo-Rechnungen bei Dampfdruck-IE des Wassers.

Die Literatur (insgesamt 631 Zitate) ist insbesondere aus den Jahren 1960—1970 (309 Zitate = 49%)

ziemlich vollständig, weniger aktuell in den Jahren 1971 bis 1982 (169 Zitate = 27%). Dies scheint zu einem gewissen Grade zu erklären, warum die modernen Richtungen gar keine Erwähnung gefunden haben, so beispielsweise die Isotopenfraktionierungen bei natürlichen Vorgängen (Umweltisotope), die IE bei bioorganischen Reaktionen und bei technologischen Prozessen in der chemischen Industrie.

Bleibt die Frage zu beantworten, wem dieses Buch zu empfehlen ist. Dem Anfänger wird nur bedingt überzeugend nahegebracht, welchen Nutzen die Beschäftigung mit IE bringt, und dem Fortgeschrittenen sind die tabellarischen Zusammenstellungen wertvoll, aber kaum anregend, neue Horizonte zu sichten. Eine sorgfältige Auswahl an Beispielen mit eingehenden Vergleichen zwischen berechneten (auch einigen vorgeführten Musterrechnungen) und gemessenen Werten der IE kann hier eine ausgewogene Verbesserung bringen.

H. Hübner

Die Technik
Von den Anfängen bis zur Gegenwart

Hrsg.: U. Troitzsch, W. Weber. Braunschweig: Georg Westermann Verlag 1982, 640 S., über 1000 Abb., gebunden DM 49,80

In der entwickelten Welt ist die Technik zu einem der bestimmenden Faktoren sowohl für das persönliche als auch insbesondere für das gesellschaftliche Leben geworden. Die Technik umgibt dort den Menschen in allen Lebenssphären, und es ist nur zu verständlich, daß viele mehr über dieses breite und hochinteressante Gebiet wissen möchten, als es auch eine gute Schulausbildung zu vermitteln vermag und ohne auf das zeitaufwendige Lesen vieler einschlägiger Einzelabhandlungen angewiesen zu sein.

Das vorliegende attraktive Buch unternimmt mit Erfolg den Versuch, einen sehr umfassenden Abriß der gesamten Technik von den Anfängen bis in die Gegenwart zu geben. In ihm sind mit großem Geschick die Exaktheit des Fachbuches, ohne daß jedoch tiefer in die wissenschaftlichen Grundlagen eingedrungen und mit Ableitungen und Formeln gearbeitet wird, und die Anschaulichkeit des Bildbandes vereint.

Das Buch ist — zunächst wider Erwarten — nicht einheitlich gegliedert. Etwa die erste Hälfte ist der gesamten vorindustriellen Zeit gewidmet. Dieser im wesentlichen chronologisch aufgebaute Abschnitt der Technikgeschichte beschränkt sich, von einigen Ausnahmen wie z.B. Ägypten oder China abgesehen, auf Europa, von wo zweifellos der größte Einfluß auf die Entwicklung der modernen Technik ausging. In der zweiten Hälfte wird die Entwicklung der Technik in den letzten zweihundert Jahren abgehandelt, und zwar innerhalb der technischen Bereiche Kohle und Öl, Landwirtschaft, Energiegewinnung, Information und Kommunikation, Regelungstechnik, Landverkehr, innerstädtischer Massenverkehr, Schiffahrt, Luftverkehr und Weltraumfahrt, Militärtechnik, Büro- und Verwaltungstechnik und Technik im Haushalt.

Im Abschnitt „Energiegewinnung" wird u. a. die Kernenergietechnik, begonnen mit der 1903 von *E. Rutherford* und *F. Soddy* entdeckten Bindeenergie der Atome, über die verschiedenen Projekte der Kernenergienutzung, die Kernreaktortypen bis zu Sicherheitsfragen und zur Wiederaufbereitung abgebrannter Brennelemente behandelt. Die Isotopentechnik findet an keiner Stelle des Buches Beachtung. Hervorzuheben ist, daß in dem abgerundeten Buch nicht nur die Technik in der Produktion, sondern gleichermaßen auch im Verwaltungsbereich und im Haushalt nahegebracht wird.

Das Buch ist jedem an der Technik und insbesondere der Technikgeschichte Interessierten, unabhängig von seiner Schulbildung, zu empfehlen.

J. Holzhey

Uranium Exploration Methods
Review of the NEA/IAEA R & D Programme, Paris, 1st—4th June 1982

Paris: OECD 1982. 979 S., div. Abb. u. Tab.; karton.

Angesichts der zweifellos zunehmenden Bedeutung der Erzeugung von Kernenergie und der Notwendigkeit, die Gewinnung von Uraniumerzen langfristig zu planen, haben die NEA und die IAEA bereits im Jahre 1976 eine Gruppe von Fachleuten beauftragt, den Stand der Forschungs- und Entwicklungsarbeiten auf dem Gebiet der Technik der Lagerstättenerkundung zusammenfassend darzustellen und zu bewerten. Diese Gruppe erkannte, daß bestimmte vorhandene Verfahren wesentlich verbessert werden können und daß auch neue Verfahren für die Erkundung zu entwickeln sind. Seitdem haben die entsprechenden Mitgliedsländer auf ausgewählten Gebieten zusammengearbeitet, um das genannte Ziel zu erreichen. Das Symposium, dessen Verhandlungen jetzt vorliegen, hat den erreichten Stand zur Darstellung gebracht und den Fachleuten Gelegenheit zur eingehenden Diskussion gegeben.

An dem Symposium nahmen 206 Fachleute aus 38 Ländern und von 4 internationalen Organisationen teil. Die Verhandlungen sind in die folgenden Sektionen gegliedert: Einschätzung von Uraniumprovinzen (19 Beiträge), Uranium in Graniten (6 B.), mineralogische Analyse der Uranium-Höffigkeit (7 B.), biogeochemische Erkundung (2 B.), Gas-Verfahren der Uranium-Erkundung (7 B.), nicht-radiometrische geophysikalische Verfahren in der Uranium-Erkundung (3 B.), Fortschritte in der Messung der natürlichen Gamastrahlung (7 B.), Bohrlochmessungen (10 B.), komplexe Erkundung (4 B.), Rundtischgespräch, Berichte der Arbeitsgruppen.

Schon diese kurze Übersicht läßt erkennen, daß hier eine ausgezeichnete Übersicht des internationalen Standes der Wissenschaft und ihrer praktischen Anwendung gegeben wird. Die Wiedergabe der Diskussionen, die sich an die einzelnen Beiträge anschließen, ergibt zusätzliche Aufschlüsse über strittige Fragen wie über gesicherte Erkenntnisse.

Aus der Vielzahl der Arbeitsrichtungen sollen einige durch Stichworte hervorgehoben werden: Radon- und Helium-Aufnahmen werden zunehmend als Mittel der Suche und Kartierung genutzt; das Problem der Kalibrierung von Gamma-Meßgeräten wird mit Hilfe von Modellen besser beherrscht; für Laboranalysen werden verbesserte Standardgesteine angeboten; die gamma-spektrometrische Aufnahme übertage oder in Bohrlöchern ist mit serienmäßigen Geräten durchführbar; die direkten Verfahren der Uraniumbestimmung in Bohrlöchern sind physikalisch und apparativ grundsätzlich anwendungsreif, aber wesentlich teurer als Diamantbohrungen mit anschließender Analyse des Bohrkerns; hochauflösende Spektrometrie der natürlichen Gammastrahlung verspricht Verminderung oder Beseitigung des Einflusses von Störungen des radioaktiven Gleichgewichts; nicht-radiometrische Verfahren sind eine nützliche und notwendige Ergänzung.

Bemerkenswert ist die Tatsache, daß in den Beiträgen auch die Literatur der UdSSR oft zitiert wird.

Die Fülle der gebotenen Informationen und kritischen Wertungen wird den Fachleuten des Gebietes noch manche Anregung vermitteln können.

K. H. Köhler

ISOTOPENPRAXIS
Volume 20 1984 Number 10

Contents

Inhalt

Isotopenpraxis is indexed in Current Contents/PC & ES, Science Citation Index, and INIS Atomindex

FSC
www.fsc.org
MIX
Papier | Fördert
gute Waldnutzung
FSC® C083411

Kolibri 360 GmbH
Ferdinand-Jühlke-Straße 7
99095 Erfurt, Deutschland
produktsicherheit@kolibri360.de